Liebe Leserinnen und Leser,

EDITORIAL

Vögel der Alpen – ein komplettes Sonderheft über ein paar wenige Arten, die es nur hier gibt. Ja, es war an der Zeit, dass DER FALKE diesen speziellen Arten und ihrem Lebensraum ein Sonderheft widmet. Eventuell wird mancher sagen, es gibt ja keine eigentlichen Alpenvögel und hat damit, wenn man es ganz genau nimmt, auch recht. Etliche der Arten haben ein großes Verbreitungsgebiet, das oft bis in die Gebirgsregionen Nordafrikas oder Asiens reicht. Zitronenzeisig und Ringdrossel brüten auch in den Mittelgebirgen Deutschlands oder in Skandinavien. Und für Steinadler sind die Alpen nach einer erbitterten Verfolgung nur der Rückzugsort, der ihn in Mitteleuropa vor der Ausrottung bewahrte. Eine der faszinierendsten Alpenarten hat man schließlich mit viel Geld und Engagement erfolgreich wieder in seine ursprüngliche mitteleuropäische Heimat zurückgebracht: Auch dem Bartgeier ist natürlich ein eigener Beitrag gewidmet.

Mir als gebürtigem Unterfranken war diese Vogelwelt vor über vierzig Jahren noch fremd, aber durch meine Arbeit am Garmisch-Partenkirchener Institut für Vogelkunde, der späteren Vogelschutzwarte, wurde sie mir schnell vertraut. Zugleich wurden mir auch die Probleme, die diese speziellen Arten in einem einzigartigen Lebensraum wie den Alpen haben, schnell bewusst. Es ist nicht nur die Klimakrise, die diesem Lebensraum, der sich über acht Anrainerstaaten erstreckt, schwer zu schaffen macht. Es sind auch wir mit unserem Hunger nach grenzenloser Freiheit, die bis in den letzten Winkel vorgestoßen sind und dadurch die Flora und Fauna in Bedrängnis bringen. Der Artikel von Henning Werth informiert Sie darüber ausführlich am Beispiel des Birkhuhns. Auch die landwirtschaftliche Nutzung durch den Almbetrieb, mit einer übertriebenen Intensivierung, wird für manchen tierischen Alpenbewohner zur Herausforderung werden.

Tauchen Sie ein in eine Welt der besten Kletterer, der beeindruckenden Flugkünstler, der großen gefiederten Beutegreifer. Wahrscheinlich werden Sie danach als Vogelbeobachter sagen, dass es Zeit ist, wieder einmal einen Urlaub in den Alpen zu verbringen. Möglicherweise können Sie dabei nicht nur Alpenvögel, sondern auch die behaarten Vertreter der „Big Five der Alpen“ Steinbock, Gämse und Murmeltier, sowie Steinadler und Bartgeier beobachten.

Ihr

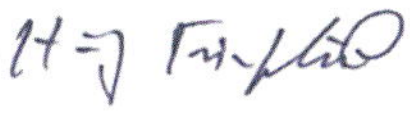

Hans-Joachim Fünfstück
Mitglied der Fachredaktion

INHALT

48 Der Zitronenzeisig

56 Der Steinrötel

Titelbild

Steinrötel (Foto: Ralph Martin), Landschaft Tirol (Foto: Hans-Joachim Fünfstück)

DER FALKE Journal für Vogelbeobachter 69. Jahrgang, Sonderheft 2022 · ISSN 0323-357X4

Ein arbeitsreicher Tag für die Vogelberinger am Pass „Bocca di Caset" (Trentino).
Foto: P. Pedrini, 20.8.2020.

Ein Programm zum Erhalt von Vögeln und ihren Lebensräumen:

„Progetto Alpi"

Das „Alpenprojekt" (italienisch Progetto Alpi) wurde 1997 als wissenschaftliches Beringungsprogramm ins Leben gerufen, das die Erforschung des Vogelzugs über die Alpen zum Ziel hat. Der Grund für diese Initiative war das lückenhafte Wissen, das sich bis Anfang der 1990er-Jahre überwiegend nur auf historische Kenntnisse und im Wesentlichen auf mutmaßliche Zugrouten beschränkte. Das Projekt war ursprünglich als Kurzzeitprogramm konzipiert, wurde dann aber langfristig angelegt, wobei sich die Ziele und Fragestellungen nach und nach änderten, auch im Hinblick auf immer neue Forschungs- und Analyseprobleme, die sich ergaben.

Im geografischen Kontext Europas sind die Alpen die erste geografische Barriere, auf die Zugvögel aus der Westpaläarktis auf ihren Wanderungen von den Nist- zu den Überwinterungsgebieten treffen. Diese Gebirgskette stellt ein Hindernis von relativ geringer Ausdehnung dar, ist aber voller Tücken, die durch das Temperaturgefälle und den plötzlichen Wechsel der Wetterbedingungen noch verstärkt werden. Ein echtes Hindernis, das die kontinentalen Regionen Mitteleuropas für die Vögel physisch von den südlichen Regionen des Mittelmeerraumes trennt. Aufgrund ihrer Lage, der weiten Täler und der ausgedehnten Wälder sind die Alpen eine bevorzugte Route für viele Zugvogelarten aus Mittel- und Nordeuropa, die in Richtung westliches und südliches Mittelmeer oder – für diejenigen, die noch weiter fliegen – in Richtung Afrika südlich der Sahara ziehen. Die Überquerung der Alpen ist somit Teil der zahlreichen Wanderrouten, die den riesigen Zugvogelstrom charakterisieren, der unseren Kontinent in verschiedenen Breitengraden von Nord/Ost bis Süd/West durchströmt. Der Vogelzug durch die Alpen manifestiert sich bereits im Sommer mit der Anwesenheit von nächtlichen Transsaharaziehern und dann von September bis November mit dem Durchzug von innereuropäischen Zugvögeln, die überwiegend tagaktiv sind.

Der nachbrutzeitliche Zug von Vögeln über die Alpen ist seit den 1930er-Jahren dank des Forschungsprogramms der Vogelwarte Sempach Gegenstand von Untersuchungen und Studien auf der schweizerischen Alpentransversale. Um der Komplexität des Phänomens gerecht zu werden, wurden Beringungsaktivitäten in zahlreichen, über das gesamte Schweizer Territorium verteilten Stationen eingeleitet, insbesondere aber in der Beringungsstation am Col de Bretolet, die 1957 in Betrieb genommen wurde: die erste und wichtigste Beringungsstation auf einem Alpenpass. Der Einsatz anderer Techniken wie Radar und visuelle Nachtbeobachtung mit der Mondbeobachtungs-Methode (Beobachtungen gegen die helle Mondscheibe) ermöglichte es, viele Aspekte im Zusammenhang mit den Überflugmustern und der Flughöhe zu beleuchten. Außerdem sollte untersucht werden, ob der Vogelzug in den östlichen Alpen eher entlang bestimmter, in Tälern und an Gebirgsfüßen konzentrierter Ost-West-Ströme oder eher auf breiterer Front quer durch das Gebirge in überwiegend südwestlicher Richtung erfolgt. Auch der Einfluss der westlichen Winde, die die atlantischen Herbststürme ankündigen, ist dabei von Interesse.

Die gefangenen Vögel werden direkt vor Ort beringt, untersucht und sofort wieder freigelassen. Links Paolo Pedrini, rechts der frühere Leiter der italienischen Beringungszentrale Fernando Spina.

Foto: Archiv MuSe. Bocca di Caset, 26.10.2021.

Die Alpen im Spätsommer

Auf der südlichen Route, der italienischen Seite, stammen die ersten Informationen über den Vogelzug von der Vogeljagd zu Beginn des 20. Jahrhunderts und später von den ersten Studien auf der Grundlage von Fängen und Beringungen, die in den 1920er- und 1930er-Jahren von Antonio Duse am Ornithologischen Observatorium am Gardasee unter der Leitung und Koordination von Prof. Alessandro Ghigi, Direktor des damaligen Labors für angewandte Jagdzoologie an der Universität Bologna (heute ISPRA), begonnen wurden. Diese Forschungen lieferten die ersten Belege und Details zu Arten, Lebensräumen und Durchzugszeiten entlang der von Duse als „Rotta italo-ispanica" (italienisch-spanische Route) bezeichneten Route. Das heißt, der Zugweg, der von den Ostalpen

Auch Waldohreulen wandern regelmäßig durch die Alpen und werden an den Fangstationen beringt.

Foto: Archiv MuSe. 16.10.2006.

Erlenzeisige, hier ein Männchen im Schlichtkleid, zählen zu den häufig beringten Arten im Projekt.
Foto: Paolo Pedrini/Archiv MuSe. 5.10.2017.

in die Region Venetien eintritt, verläuft entlang des zentralen Voralpengürtels und der südlichen piemontesischen Alpen und wird nur teilweise durch Zustrom aus dem Norden gespeist. Wie aus den in den 1990er-Jahren durchgeführten Radaruntersuchungen und Mondbeobachtungen hervorgeht, handelt es sich um eine parallel zum Alpenkamm verlaufende Route, die zwar weniger intensiv ist – aber aufgrund ihres wissenschaftlichen und naturschutzfachlichen Interesses untersucht und überwacht werden sollte, auch im Hinblick auf die Zugvogeljagd, die dort immer noch stattfindet, wenn auch in geringerem Umfang als in der Vergangenheit.

Die Geburt des Projektes

Diese ersten Erfahrungen und der Vergleich mit den Zentralalpen gaben 1997 den Anstoß für das Alpenprojekt, ein mehrjähriges Studienprogramm, das von der italienischen Beringungszentrale am ISPRA (Istituto Superiore per la Protezione e Ricerca Ambientale) und dem damaligen Museo Tridentino di Scienze Naturali, heute MuSe (Museo delle Scienze di Trento) koordiniert wurde. Das Projekt begann als ein erstes Kurzzeitstudienprogramm, das darauf abzielte, die Ökologie der Zugvögel und die von den verschiedenen Arten entlang der italienischen Zugroute gezeigten Zug- und Raststrategien zu verstehen.

Das Ziel des Alpenprojekts bestand in erster Linie darin, die Schaffung eines Netzwerks von Stationen zu fördern, die in der Lage sind, auf standardisierte Weise den herbstlichen Vogelzug zu erfassen. Dazu wurde ein enger Informationsaustausch initiiert und die Standardisierung der Arbeitsmethoden sichergestellt. In der Anfangsphase des Projekts (1997 bis 2002) wurden zahlreiche Orte untersucht, die für den Durchzug oder die Zwischenlandung von Zugvögeln geeignet sind, insbesondere Gebirgspässe in verschiedenen Höhenlagen, in denen sich der Zugstrom durch die Geländeformen kanalisiert und konzentriert. Wertvolle Rastplätze sind die Feuchtgebiete in der Nähe von Seen und in den Talsohlen sowie die Niederungen des Vorgebirges, die sich ideal für die Rast und den Aufbau von Fettdepots eignen. Durch Aktivierung verschiedener Stationen war das ursprüngliche Ziel des Alpenprojekts, die durchziehenden Vögel nach Art und Menge zu beschreiben. Es ist beabsichtigt, die zeitliche Phänologie und das Rastverhalten zu untersuchen sowie biometrische und physiologische Daten zu sammeln, um damit auch energetisch-physiologische Aspekte

Diese lange Reihe von Japannetzen steht für die wissenschaftliche Vogelberingung an der Feldstation „Passo del Brocon" knapp 80 km östlich von Trient.
Foto: F. Rossi/Archiv MuSe. 10.10.2022.

bei den verschiedenen Arten untersuchen zu können. Schließlich sollen die Studien auch Details und nützliche Informationen für die Erhaltung von Lebensräumen und Arten im Rahmen des Natura 2000-Netzwerks und die Bedeutung der Alpen für einen relevanten Bestandteil der gesamten paläarktischen Vogeldiversität liefern.

Diese erste Phase, die bis 2008 andauerte, umfasste 40 Stationen, die über die italienischen Alpen und auch in einigen Tieflandgebieten in Alpennähe verteilt waren. Die umfangreichen Untersuchungen führten zur Identifizierung einer Reihe von Gebieten, die als Konzentrationsgebiete für durchziehende und rastende Zugvögel von großer Bedeutung sind. Zur Beantwortung weiterer Fragen zum Erhaltungszustand von Arten oder Artengruppen (z. B. Transsaharazieher) sowie zur Abschätzung ihrer Trends wurde das Projekt im Laufe der Jahre mit einer geringeren Anzahl von Stationen, dafür aber über längere Zeiträume betrieben. Seit 2021 sind es 15 Stationen, die über die gesamte Zugzeit von Anfang August bis Mitte November oder mindestens einen Monat während der Migration der Kurzstreckenzieher (Ende September bis Ende Oktober) betrieben werden. Dank der Unterstützung von Forschungseinrichtungen, Museen, Schutzgebieten und Verbänden wurden diese Beringungsstationen zu echten ornithologischen Observatorien, also zu Orten, die der Überwachung und Erforschung des Vogelzuges und der Öffentlichkeitsarbeit und Ausbildung gewidmet sind.

Dank der Bereitschaft und des Enthusiasmus der Beringer, die sich an ihnen beteiligt haben, konnte so ein Netz von Feldstationen aufgebaut werden, die über verschiedene Lebensraumtypen, über eine große Ost-West-Ausdehnung und in sehr unterschiedlichen Höhenlagen bis hin zu den höchsten Pässen verteilt sind. Die oft sehr schwierigen Wetter- und Klimabedingungen hinderten die am Alpenprojekt beteiligten Beringer nicht daran, einen wertvollen Datenbestand zu erheben, auch weil die Daten zur gleichen Zeit und mit der gleichen Methodik gesammelt wurden. Dank dieser Bemühungen hat das Alpenprojekt heute seinen großen Wert als Beitrag zur Kenntnis der Vogelzugrouten, der Durchzugsphänologie und der Schutzwürdigkeit der verschiedenen Gebiete des italienischen Alpenbogens für unsere Avifauna und liefert mit jedem weiteren Jahr in der Zeitreihe neue Ergebnisse.

Schulklassen und andere Gruppen werden vor Ort über Beringung und den Schutz von Zugvögeln informiert.

Foto: Archiv MuSe. Bocca di Caset, 8.10.2008.

Fast 800 000 beringte Vögel

In den letzten 25 Jahren wurden fast 800 000 Individuen von 200 Arten beringt, hauptsächlich von Singvögeln. Diese Daten können auf der Internetseite des Projekts (http://progetto-alpi.muse.it) in Bezug auf die Gesamtzahl der Fänge, pro Jahr und pro Station eingesehen werden. Die 2021 in der Rivista Italiana di Ornitologia von Paolo Pedrini u. a. veröffentlichte Analyse von Trends und Durchzugsphänologien

Dieses Rotkehlchen kann in wenigen Augenblicken, nach erfolgter Untersuchung und Beringung, seine Wanderung fortsetzen.

Foto: F. Rossi/Archiv MuSe. 10.10.2022.

Vorübergehend gefangener Fichtenkreuzschnabel, adultes Männchen. Foto: P. Pedrini/Archiv MuSe. 18.10.2006.

zahlreicher Arten vermittelt ein umfassendes und detailliertes Bild des Kleinvogelzugs durch die italienischen Alpen, mit interessanten Aspekten hinsichtlich des Zeitpunkts und der verschiedenen Überquerungsstrategien der Arten sowie der Bedeutung der verschiedenen Untersuchungsgebiete.

Die Erfassung der Daten in standardisierter Form hat erste Analysen ermöglicht, die für die Beschreibung der jahreszeitlichen Durchzugsphänologie und der Zusammensetzung der Altersklassen der durchziehenden Populationen, der Zeiten des stärksten Durchzugs und der Dauer des Durchzugs für 69 der 191 beringten Arten verwendet wurden (analysierte Daten für den Zeitraum 1997 bis 2017). Analysen mit Daten aus den ersten Jahren der Beringung an 6 der 15 Stationen, die seit dem Jahr 2000 kontinuierlich betrieben werden und deren Fangaufwand bekannt ist, haben einen negativen Trend für einige Arten ergeben, die europaweit im Rückgang begriffen sind, wie z. B. einige Transsahara-Arten (Braunkehlchen, Teichrohrsänger, Fitis und Neuntöter), und den dramatischen Rückgang anderer ehemals häufiger Arten wie Goldammer und Ortolan bestätigt, die heute seltene Zugvögel in den Alpen sind. Die Daten bestätigen auch den Rückgang von Arten wie der Rauchschwalbe, die bei einigen Talstationen in den dortigen Schilfgebieten Schlafplätze nutzt. Bei einigen Gehölzbewohnern wie Singdrossel und Amsel, Sommergoldhähnchen und Gartenrotschwanz war dagegen ein positiver Trend zu verzeichnen.

Dank der höhenmäßigen und geografischen Verteilung der Stationen und der verschiedenen Lebensräume konnten unterschiedliche Durchzugsmuster aufgezeigt werden, mit einer frühen Komponente von Transsaharaziehern, die sich bereits Anfang August auf der Durchreise befinden und in mittleren und niedrigen Höhenlagen in Rastgebieten wie Feuchtgebieten häufiger anzutreffen sind. Unter den beringten Arten sind Trauerschnäpper, Gartenrotschwanz und Fitis zahlenmäßig am stärksten vertreten. Diese Arten sind in allen Höhenlagen in unterschiedlichem Maße verbreitet, während andere Arten wie Rohrsänger und Grasmücken (Gartengrasmücke und einige Laubsängerarten) hauptsächlich oder ausschließlich in den buschreichen Lebensräumen der Talsohlen anzutreffen sind. Die Daten bestätigen das Vorhandensein einer Ost-Südwest-Wanderung entlang des Voralpengürtels, die vor allem an Bergpässen und über der Baumzone zu beobachten ist. Der Zug an den Pässen ist viel ausgeprägter und zeichnet sich durch den Durchzug zahlreicher Singvogelschwärme während des Tages aus. Außerdem kommen hier aber auch nachtziehende Arten wie Singdrossel, Amsel und vor allem Rotkehlchen vor. Dazu kommen typische Teil- und Kurzstreckenzieher wie Kernbeißer, Zeisig, Fichtenkreuzschnabel und Tannenmeise. Stationen in mittleren und niedrigen Höhenlagen zeigen,

Foto: S. Sommacal. Passo San Pellegrino, 27.8.2021.

Einige der 15 Feldstationen des „Progetto Alpi“ nutzen alte landwirtschaftliche Gebäude als einfache Unterkunft und Arbeitsraum, teils handelt es sich aber auch um Plätze, die früher der traditionellen Vogeljagd in den italienischen Alpen dienten. Foto: Archiv MuSe. Bocca di Caset, 15.10.2006.

dass sich insektenfressende Transsaharazieher im Spätsommer von den Talsohlen aus nach Süden entlang der italienischen Halbinsel bewegen. Das Projekt bestätigt die Bedeutung bestimmter Gebiete, darunter Bergpässe, die wahre „Flaschenhälse“ darstellen, in denen sich der Vogelzug konzentriert. Hier ist es besonders wichtig, die Jagd auf Zugvögel zu verbieten, wie es italienische Gesetze seit 1992 vorsehen. Ebenso schutzbedürftig sind die feuchten Lebensräume und Grünländer in den Talsohlen, die Auwälder und die kulturnahen Randbereiche, die sich in den verschiedenen untersuchten Kontexten als Lebensräume von hohem ökologischem Wert für Durchzügler erwiesen haben.

Fazit

Zusammenfassend lässt sich sagen, dass diese ersten 25 Jahre des „Progetto Alpi“ einen weiteren Baustein zum Verständnis des großen und komplexen Phänomens des Vogelzugs über unseren Kontinent darstellen, der dank der Bemühungen zahlreicher Beringer, anderer Ornithologen und passionierter Vogelbeobachter, die mit Unterstützung zahlreicher wissenschaftlicher und öffentlicher Einrichtungen ein Stationsnetz aufbauen konnten, möglich wurde. In Anbetracht der jüngsten Klima- und Umweltveränderungen hoffen wir, dass diese Aufmerksamkeit zur Erhaltung der biologischen Vielfalt im Alpenraum beitragen kann.

Paolo Pedrini, Lorenzo Serra

Dr. Lorenzo Serra ist Ornithologe, Leiter der italienischen Vogelberingungszentrale und Wissenschaftler am Istituto Superiore per la Protezione e Ricerca Ambientale (ISPRA) in Ozzano Emilia. Seine Forschungen reichen von der Verhaltensökologie bis zur Naturschutzbiologie, wobei ihn besonders Mauser, Kommunikation, Vogelzug und Populationsbiologie interessieren. Er hat langjährige Erfahrung mit multilateralen Umweltabkommen und internationalen Naturschutzprogrammen.

Paolo Pedrini ist Museumskurator am MUSE - Wissenschaftsmuseum in Trient und verantwortlich für die Abteilung Naturschutzbiologie und Zoologie der Wirbeltiere. Er koordiniert die Zählungen und Überwachung der Avifauna im Natura-2000-Netz und in den anderen Schutzgebieten der italienischen Alpen und untersucht die Auswirkungen der laufenden Klima- und Umweltveränderungen auf die Fauna der Alpen. Zusammen mit Fernando Spina ist er der Initiator und Koordinator des „Progetto Alpi“.

Eine Vielzahl an Veränderungen bedroht die Vogelwelt der Alpen:

Klimawandel

In den Alpen wird es immer wärmer und der Frühling beginnt immer früher. Der globale Klimawandel trifft Tiere und Pflanzen, die im Gebirge leben, besonders stark. Viele dort lebende Arten passen ihr Verhalten sowie die Wahl ihres Lebensraums entsprechend an. Die meisten Studien zeigen jedoch, dass diese Anpassungen oftmals zu langsam und daher ungenügend sind.

In den Alpen gibt es eine beachtliche Artenvielfalt. Dies ist vornehmlich der hohen Diversität der Landschaftsformen mit sehr speziellen Lebensbedingungen geschuldet. Jeder, der schon einmal in den Alpen wandern war, kennt die großen Temperaturunterschiede von tieferen zu höheren Lagen, aber auch zwischen Nord- und Südhängen. Dazu kommen dunkle Täler und helle Gipfel, Schnee und Eis. Die Vegetationsperioden sind besonders in den Höhenlagen kurz, und die vielfach dünnen und nährstoffarmen Bodenschichten über dem Fels haben alpine Pflanzen und als Folge der Nahrungskette auch Tiere zu Spezialisten und Überlebenskünstlern werden lassen. Der Klimawandel in den Alpen bedroht dieses empfindliche System auf mehrfache Weise. In Europa ist der Klimawandel nirgends so stark messbar wie im Alpenraum.

Die steigenden Durchschnittstemperaturen, die mit ca. 1,8 °C seit 1970 deutlich über dem globalen Durchschnitt liegen, führen dazu, dass sich die optimalen klimatischen Bedingungen für Arten in immer höhere Lagen verschieben. Oft wird alpinen Arten eine gewisse Resistenz gegenüber solchen Veränderungen nachgesagt, da schon eine kleine Verlagerung des Verbreitungsgebiets einen großen Effekt haben kann. Allerdings ist der Speiseplan vieler Vogelarten in den letzten Jahren zusätzlich durcheinandergekommen, da sich die Qualität und das zeitliche Vorkommen der Nahrungsressourcen mit dem immer früheren Frühling verändert haben. Hinzu kommt, dass sich Wärme liebende Arten aus tieferen Gebieten nach oben ausbreiten und neue Konkurrenten für die dort bereits ansässigen Arten werden, welche eher an kalte Temperaturen angepasst sind. Vögel haben den Vorteil, ihren Standort relativ schnell wechseln zu können und somit neue Lebensräume zu erschließen und sich räumlich auf Veränderungen anzupassen. In den Alpen ist dies jedoch nur begrenzt möglich, denn am Gipfel ist sprichwörtlich

Alpenpanorama mit dem Matterhorn.
Foto: M. Burkhardt.

Schluss. Aktuelle Studien zeigen daher, dass alpine Vogelarten zunehmend Gefahr laufen, verdrängt zu werden.

Raum für Hochgebirgsvögel schrumpft

Der Rückzug der Gletscher dokumentiert die raschen Veränderungen in den Alpen am eindrücklichsten. Dem erfahrenen Beobachter fällt zudem auf, dass sich die Baumgrenze langsam nach oben bewegt und dass die Alpen im Allgemeinen und vor allem in hohen Lagen grüner werden. Ein Blick auf Satellitenbilder, die zwischen 1981 und 2021 über den Alpen aufgenommen wurden, zeigt, wie sich in Berglagen die Vegetation und die Schneebedeckung insbesondere in den Sommermonaten entwickelt haben. Eine Studie der Universität Basel zeigte kürzlich, dass in 77 Prozent aller Offenlandflächen über 1700 Metern Höhe der Pflanzenbewuchs signifikant zugenommen hat. Dabei dringt Vegetation an Stellen vor, die bislang unbewachsen waren. Zusätzlich wird der Bewuchs immer dichter und höher. Gleichzeitig hat die Schneebedeckung in den höheren Lagen abgenommen. Die Ursache für die schrumpfenden Schneeflächen scheint mehr Regen und weniger Schneefall in der kalten Jahreszeit zu sein. Der stärkere Pflanzenwuchs wird dagegen durch erhöhte Temperaturen vor allem in der sommerlichen Wachstumsphase bedingt. Auch wenn es scheinbar keinen direkten Zusammenhang zwischen zunehmender Vegetation und weniger Schneebedeckung gibt, handelt es sich hierbei um ein System, das sich gegenseitig beeinflusst und in dem es zu sogenannten Rückkoppelungseffekten kommen kann, denn dichterer und höherer Pflanzenwuchs verhindert örtlich die Bildung einer Schneedecke. Schnee bestimmt wiederum die verfügbare Feuchtigkeit der Böden und damit bestimmt die Schneedecke auch den Wachstumszeitraum. Je weniger und kürzer Schnee liegt, umso besser können Pflanzen wachsen. Und mehr Grün in höheren Lagen heizt den Klimawandel an: Es wird mehr Sonnenlicht absorbiert statt reflektiert und die Temperaturen steigen dadurch noch höher.

Durch die Änderungen in der Vegetation werden spezifische alpine Lebensräume umgewandelt und dies wirkt sich bereits heute direkt oder indirekt auf die Vögel aus und wird dies auch zukünftig tun. Die in den Schweizer Alpen brütenden 71 Vogelarten haben ihren Schwerpunkt der Verbreitung (die durchschnittliche Höhenverteilung) in den letzten 20 Jahren um 24 m nach oben verschoben. Dies mag wenig klingen, ist aber von Art zu Art sehr unterschiedlich. Die Nebelkrähe ist zum Beispiel 166 Höhenmeter nach unten gewandert, der Fitis dagegen 205 m nach oben. Insgesamt ist bei fast zwei Dritteln der Arten die durchschnittliche Höhenverbreitung gestiegen. Die Unterschiede in den Veränderungen der Höhenverteilung hat zur Folge, dass neue Artengemeinschaften entstehen. Forschende der Universität Zürich und der Schweizerischen Vogelwarte haben herausgefunden, dass die Vogelgemeinschaften der Schweizer Alpen einen Prozess der biotischen Homogenisierung entlang des Höhengradienten durchlaufen. Das bedeutet, dass sich die Zusammensetzung der Arten immer mehr angleicht und damit der Alpenraum an Diversität verliert. Neben der Zahl der Arten einer Vogelgemeinschaft, spielt auch die funktionelle Vielfalt eine große Rolle. Beispielsweise nutzen verschiedene Arten Ressourcen auf unterschiedliche Weise und interagieren daher anders mit der Umwelt. Auch kann die Rolle einer Art für das Funktionieren des Ökosystems unterschiedlich wichtig sein. Damit einher geht, dass der Verlust bestimmter oder sogar einer einzigen Art einen sehr großen Effekt haben kann: Spezialisten wie Spechte haben beispielsweise eine große Rolle, da sie mit ihren Baumhöhlen auch einen sogenannten Service für andere Vögel und kleine Säugetieren leisten, die diese als Nistplatz und Versteck benötigen.

Der Bienenfresser profitiert von höheren Temperaturen und breitet sich immer weiter in Richtung Norden aus. Auf der Alpennordseite ist er seit einiger Zeit als Brutvogel zu beobachten. Foto: M. Burkhardt.

Durch die Analyse Hunderter verschiedener Merkmale für jede Vogelart, die Körperbau, Ernährung, Lebensraum und vieles mehr umfasste, konnten die Forscher die Vielfalt der Funktionen der Vogelgemeinschaften entlang des Höhengradienten bestimmen und zeigen, wie sich das Bild im Laufe der letzten zwei Jahrzehnte gewandelt hat. Die obere Waldgrenze scheint eine funktionelle Barriere zwischen zwei sehr unterschiedlichen Gemeinschaften darzustellen. Im landwirtschaftlich geprägten Tiefland bis zu den Gebirgswäldern leben ähnliche Vogelgemeinschaften mit Arten wie Goldammer, Dorngrasmücke und Mönchsgrasmücke. Im baumlosen Hochgebirge hingegen bestehen die Gemeinschaften aus Arten, die an das Leben im offenen Gelände angepasst sind. So essen sie beispielsweise weniger Raupen oder bauen wie das Alpenschneehuhn ihr Nest am Boden. Diese besondere funktionelle Vielfalt der alpinen Gemeinschaften hat in den letzten Jahren jedoch drastisch abgenommen. Die Bergspezialisten werden zunehmend durch die Invasion der Generalisten verdrängt. Da die Ausweichmöglichkeiten der Spezialisten nach oben begrenzt sind, führt dies oftmals zu einer deutlichen Verkleinerung ihrer Lebensräume. Das Alpenschneehuhn kann dies in den kommenden Jahren besonders treffen. Die Lebensräume dieser an eisige Kälte angepassten Art werden wohl bis um die Mitte dieses Jahrhunderts zwischen 24 und 59 Prozent schrumpfen. Der Alpenbraunelle und dem Schneesperling drohen Verluste zwischen rund 20 und 40 Prozent ihres derzeitigen Lebensraums.

Das Alpenschneehuhn ist ein Verlierer des Klimawandels. Man nimmt an, dass der Lebensraum in den nächsten Jahrzehnten drastisch schrumpfen wird. Foto: M. Burkhardt.

Verschiebung der Aktivitäten im Frühjahr

Der Klimawandel führt nicht nur zum Anstieg der Temperaturen, die klimatischen Veränderungen führen in den Alpen auch zu früherer Schneeschmelze und immer wärmeren Frühlingstagen. Pflanzen, Reptilien, Zugvögel und an Land lebende Insekten wie Schmetterlinge oder Heuschrecken haben darauf reagiert, indem sie ihre Aktivitäten im Frühjahr, wie beispielsweise das Blühen der Pflanzen oder die Ankunft im Brutgebiet, um durchschnittlich zwei bis acht Tage pro Jahrzehnt vorverlegten. Bei anderen wiederum gab es keine oder nur unwesentliche zeitliche Verschiebungen. Hierzu gehören Amphibien, Wasserinsekten (zum Beispiel Libellen) und nicht ziehende Vögel. Gerade in alpinen Lebensräumen, die sich durch kurze Sommer und ein begrenztes Zeitfenster zur Reproduktion auszeichnen, ist ein genau vorhersehbarer zeitlicher Ablauf von enormer Wichtigkeit. Die Schneeschmelze gibt den Startschuss und bestimmt das Wachstum der Pflanzen und das zeitliche Vorkommen der Insekten. Vögel müssen wiederum den idealen Zeitpunkt der Eiablage abpassen, um während der kurzen Aufzuchtzeit der Küken optimale Ressourcenverfügbarkeit zu haben. Die verschieden schnelle Anpassung der Arten an zeitliche Verschiebungen stellt daher ein Problem dar. Es kommt vielfach zu sogenannten phänologischen Missverhältnissen, die zu niedrigen Bruterfolgen führen können. Dies stellt für den langfristigen Fortbestand der Arten als Teil des Ökosystems eine Bedrohung dar.

Neue Bewohner

In den Alpen wie auch anderswo haben die meisten Auswirkungen des Klimawandels und des steigenden menschlichen Einflusses negative Auswirkungen auf die Tierwelt und deren stabiles Fortbestehen. Dennoch gibt es für den Naturbeobachter auch positive Nachrichten. Aus Südeuropa wandern viele Arten ein, denen es früher bei uns zu kalt gewesen ist. Im Allgäu wurden beispielsweise exotische Insekten wie die Gottesanbeterin gesichtet. Zu den Gewinnern des Klimawandels zählen auch der Bienenfresser und die Blaumerle. Der Wärme liebende Bienenfresser ist der einzige europäische Vertreter der gleichnamigen Familie, die sich sonst weitgehend auf die Tropen und Subtropen in Afrika, Asien und Europa beschränkt. In der Alpenregion war eine Beobachtung der Art bei Ornithologinnen und Ornithologen bis zum Jahre 2000 ein Highlight. Seitdem sind die Beobachtungen aber stark angestiegen und im Kanton Wallis hat sich eine stabile Brutpopulation im Alpenraum etabliert. Wie die einheimische Tier- und Pflanzenwelt mit den neu eingewanderten Arten zurechtkommt, wird sich zeigen.

Seit 2016 untersuchen wir von der Ökologie-Arbeitsgruppe der Universität Turin in den italienischen Westalpen die Auswirkungen des Klimawandels auf die Vogelwelt und insbesondere den Steinschmätzer *Oenanthe oenanthe*. Mit dieser Studie wollen wir zum besseren Verständnis der komplexen Zusammenhänge von Habitat, saisonaler Dynamik und dem sich daraus ergebenden Bruterfolg beitragen. Das Verbreitungsgebiet des Steinschmätzers erstreckt sich von Europa durch Sibirien bis zum Beringmeer, südlich bis in die Mongolei, außerdem in Teilen Kanadas und Alaskas. Da die Überwinterungsgebiete in Afrika südlich der Sahara liegen, hat der Steinschmätzer eine sehr große Variabilität in der Länge der jährlichen Wanderungen. Unser Studiengebiet in den Alpen ist etwa 3500 km von den bekannten Wintergebieten entfernt.

Forschungsprojekte im Hochgebirge sind eine Herausforderung

In unserem Gebiet, dem Naturpark Val Troncea im Val Chisone, brütet der Steinschmätzer zwischen 1900 und 2900 m ü. M. Um Unterschiede im zeitlichen Verlauf und im Bruterfolg aus den verschiedenen Habitaten unter- und oberhalb der Baumgrenze zu dokumentieren, haben wir unsere Versuchsfläche im ganzen Tal verteilt. Diese Entscheidung war richtig, jedoch sind wir oft an unsere physischen und organisatorischen Grenzen gestoßen. Beginnend mit der Ankunft der Steinschmätzer Ende Mai und bis zum Ausfliegen der Jungen im August haben wir versucht, alle Gebiete täglich zu begehen und dabei Messungen und Beobachtungen zu machen.

Die Datengrundlage für unsere Studie ist das Monitoring von Nestern. Hierfür haben wir im Frühjahr Territorien identifiziert und den Sommer über Nester gesucht. Zusätzlich haben wir Daten zur Schneeschmelze und zur Vegetation aufgenommen, um das sogenannte Ergrünen der Landschaft mit den Aktivitäten und dem Bruterfolg der Steinschmätzer in Verbindung setzen zu können. In den Alpen spielt insbesondere die Schneeschmelze eine entscheidende Rolle, denn der Steinschmätzer ist Bodenbrüter und benötigt Zugang zu Höhlen oder Nischen, die oftmals im Steingeröll zu finden sind. Auch die Verfügbarkeit von Insekten, die Nahrungsgrundlage des Steinschmätzers, ist direkt von der jahreszeitlichen Veränderung der Temperatur und dem Wachstum der Vegetation abhängig.

Seit 2019 haben wir unsere Studien durch ein umfangreiches Farbberingungsprogramm ergänzt. Durch diese zusätzlichen Informationen können wir Überlebenswahrscheinlichkeiten von Jung- und

Steinschmätzer in den italienischen Alpen.

Foto: C. Mermillon. Naturpark Val Troncea (Piemont), 2019.

Farbberingung und winzige Datenlogger auf dem Rücken der Vögel helfen, Überlebensraten und Zugrouten des Steinschmätzers zu erforschen. Foto: C. Fiedler. Naturpark Val Troncea (Piemont), 2020.

Altvögeln über die Saison hinweg berechnen und verstehen. Einige der adulten Brutvögel haben wir mit sogenannten Hell-Dunkel-Geolokatoren ausgestattet. Diese auf dem Rücken der Vögel befestigten, sehr leichten Datenlogger erlauben es, die Zugrouten zu identifizieren. Allerdings muss der Vogel hierfür im darauffolgenden Jahr wieder gefangen werden, um den Logger zu entfernen und an die gespeicherten Daten zu gelangen. Der Aufwand hat sich gelohnt, und wir konnten im Sommer 2019 und 2020 besenderte Steinschmätzer wiederfinden und somit individuelle Zugrouten sowie Ankunft- und Abflugzeiten direkt mit dem Bruterfolg der Individuen verknüpfen.

Unsere Daten von über 220 Nestern aus sechs Jahren Nestmonitoring und Beringung zeichnen ein deutliches Bild. Bei einer Vorverlagerung des Frühlings um zwei Wochen verändert sich die Eiablage in der alpinen Population des Steinschmätzers lediglich um eine Woche nach vorne. Als Konsequenz ist der Bruterfolg in diesen frühen Jahren um mehr als die Hälfte niedriger als in vergleichsweise späten Jahren. Der zeitliche Ablauf des Zuges von Afrika nach Europa hat uns jedoch überrascht. In beiden Jahren waren die Steinschmätzer, die mit einem Logger ausgestattet waren, bereits ein bis zwei Wochen vor Legebeginn in der weiteren Umgebung des Brutgebiets. Dennoch wurde die Eiablage im Jahr 2020, einem Jahr mit sehr früher Schneeschmelze, nicht entschieden vorgezogen. Wir schlussfolgern daraus, dass die Brutaktivitäten zeitlich nicht unbegrenzt angepasst werden können. Ein Grund dafür könnte sein, dass sich insbesondere die Weibchen vor Brutbeginn und nach dem anstrengenden Zug zunächst erholen müssen und hauptsächlich mit der eigenen Nahrungsaufnahme beschäftigt sind. Sollte sich der Frühling in Zukunft weiter nach vorne verschieben, könnte sich die ungenügende Anpassungsfähigkeit der Steinschmätzer langfristig auf die Populationsgröße auswirken.

Der Naturpark Val Troncea im Val Chisone in Italien ist Brutgebiet des Steinschmätzers. Foto: M. M. Sander.

Die Zukunft unserer Bergvögel

Die aktuellen Tendenzen und Prognosen für die Vögel der Hochgebirge zeichnen ein wenig erfreuliches und besorgniserregendes Bild. Viele der hier beschriebenen Prozesse sind auf kurze Sicht nicht aufzuhalten. Wir müssen uns darauf einstellen, dass gerade die Veränderungen in der Gebirgsvegetation weiter fortschreiten, schließlich reagieren die meisten Lebensräume auf die Klimaerwärmung mit einer gewissen Verzögerung. Dies gilt vor allem für Wälder und somit für das weitere Aufsteigen der Baumgrenze in den Alpen. Forschung und Monitoringprogramme sind weiterhin immens wichtig, um die Herausforderungen des Klimawandels für die Bergvögel zu dokumentieren und besser zu verstehen.

Neben dem Klimawandel geraten die natürlichen Lebensräume der Alpen und ihre Bewohner durch die intensivere Nutzung des Menschen in Bedrängnis. Viele Berglandschaften haben sich in den letzten Jahrzehnten stark verändert. Bergbauern bewirtschaften zunehmend größere Flächen. Dafür werden oftmals Steine entfernt, Böschungen geebnet und Sträucher gerodet. Auch wenn dieser Prozess langsam und vielleicht unbemerkt vonstattengeht, verlieren viele Flächen ihren Wert als Lebensraum für Heidelerche, Steinschmätzer und Baumpieper vollständig. Hingegen wirkt sich eine extensive Landwirtschaft, insbesondere die traditionelle Almwirtschaft in den Höhenlagen, positiv auf die Habitatqualität von Bergvögeln aus, da damit der Verbuschung der Offenlandschaft Einhalt geboten wird. Leider werden aber immer mehr Almen verlassen, sodass auch diese nachhaltige Beweidung im Alpenraum zunehmend ausstirbt.

Skipisten in den Hochalpen sind eine weitere ernsthafte Bedrohung für die Vogelwelt dieses empfindlichen Lebensraums. Im Vergleich zu Arealen mit natürlichen Wiesen gibt es in Skigebieten weniger Tiere. In Österreich hat eine Studie gezeigt, dass in einem Drittel der Skigebiete während der Brutzeit kein einziger Vogel gesichtet wurde. Und auch in den an Skipisten angrenzenden Gebieten waren die Zahlen niedriger als in ungestörten Bereichen.

Die Alpen waren lange ein Rückzugsort für Tiere, um dem Einfluss des Menschen, insbesondere der Intensivierung von verschiedenen Landnutzungsformen, und dem Klimawandel zu entfliehen. Der Schutz von sogenannten Refugien, in denen Gebirgsvögel auch in Zukunft geeignete Habitat- und Klimabedingungen vorfinden, muss oberste Priorität haben. Derzeit sind in den Alpen etwa 44 Prozent der Flächen als Schutzgebiete ausgewiesen. In diesen Flächen und den noch nicht geschützten Klimarefugien muss die weitere Verschlechterung des Lebensraums durch menschliche Aktivitäten verhindert werden, um die Rückzugsorte der hochalpinen Arten nicht weiter zu gefährden.

Martha Maria Sander, Simeon Lisovski

Martha Maria Sander und Volontär Liam Kelly bei der Beringung und Ausstattung von Steinschmätzern mit Geolokatoren im typischen Brutgebiet, dem alpinen Grasland. Foto: C. Fiedler. Naturpark Val Troncea (Piemont), 2020.

Der Steinrötel kommt im gleichen Bruthabitat wie der Steinschmätzer vor, was häufig zu territorialen Auseinandersetzungen zwischen den beiden Singvogelarten führt. Foto: M.M. Sander. Naturpark Val Troncea (Piemont), 2022.

Literatur zum Thema:

Sander M M, Chamberlain D, Mermillon C, Alba R, Jähnig S, Rosselli D, Meier C M, Lisovski S 2021: Early Breeding Conditions Followed by Reduced Breeding Success Despite Timely Arrival in an Alpine Migratory Songbird. Frontiers in Ecology and Evolution 9: 565, doi:10.3389/fevo.2021.676506.

Vitasse Y, Ursenbacher S, Klein G, Bohnenstengel T, Chittaro Y, Delestrade A, Monnerat C, Rebetez M, Rixen C, Strebel N, Schmidt B R, Wipf S, Wohlgemuth T, Yoccoz N G, Lenoir J 2021, Phenological and elevational shifts of plants, animals and fungi under climate change in the European Alps. Biol. Rev. 96: 1816-1835. https://doi.org/10.1111/brv.12727

García-Navas V, Sattler T, Schmid H, Ozgul A 2020: Temporal homogenization of functional and beta diversity in bird communities of the Swiss Alps. Divers Distrib. 26: 900-911. https://doi.org/10.1111/ddi.13076

Dr. Martha Maria Sander ist wissenschaftliche Mitarbeiterin beim Naturschutzbund (NABU). In den letzten Jahren hat sie viel Zeit in den Alpen verbracht, um mithilfe von Beobachtungen, direkten Messungen und Besendern von Steinschmätzern die Auswirkung des Klimawandels auf alpine Systeme besser zu verstehen.

Dr. Simeon Lisovski ist wissenschaftlicher Mitarbeiter am Alfred Wegener Institut für Polar- und Meeresforschung (AWI). Der Schwerpunkt seiner Arbeit ist der Vogelzug und wie sich Klimawandel und menschlicher Einfluss auf Bewegungsmuster von Vögeln und damit verbundene Prozesse, wie die Verbreitung von Viren, auswirken.

Einzelbäume oder Baumgruppen haben eine wichtige Bedeutung als Flucht- oder Schlafbaum für Birkhühner. Stillachtal (Oberstdorf), 7.5.2015.

Es ist kompliziert:

Birkhühner und Störungen

Aufgrund der Lebensraumansprüche ist das Birkhuhn potenziell und ganzjährig von einer Vielzahl von Freizeit und Tourismus-Aktivitäten betroffen, die lokal zu besonders sensiblen Zeiten gravierende Störungen verursachen können. Kaum eine andere Art ist bei der Managementplanung für EU-Vogelschutzgebiete in den Alpen potenziell großflächiger von Störungen betroffen als das Birkhuhn. Doch leider bestehen Informationslücken über die Auswirkungen dieser Ereignisse auf Individuum, lokalen Bestand und Population. Der vorliegende Artikel soll die Komplexität des Themas näher beleuchten und zu weiteren Anstrengungen im Bereich Forschung und Entwicklung motivieren.

Das Birkhuhn besiedelt primär die boreale Nadelwald- bzw. Waldsteppenzone in der Paläarktis. Hier kommen die Lebensräume mit lockeren Moorwäldern praktisch großflächig vor. Bis in die 1950er- bzw. 1960er-Jahre kam diese Art auch außerhalb der Alpen vor. Derzeit sind es praktisch nur noch nennenswerte Bestände in der Lüneburger Heide und der Rhön. In der Rhön wurden seit 2009 bis heute Umsiedlungen von schwedischen Vögeln vorgenommen, ohne die diese Art in der Rhön ausgestorben wäre.

Eiszeitrelikt in den Alpen

Die letzten zusammenhängenden Bestände in Deutschland befinden sich in den Bayerischen Alpen zwischen Allgäu und Werdenfelser Land auf einer Höhenlage zwischen 1400 m und 1900 m über Meereshöhe. Im Gegensatz zu den nordeuropäischen Vorkommen sind die Nordalpen nicht durchgängig nutzbar, sondern naturräumlich bedingt mehr oder weniger fragmentiert: Zusammenhängende Habitatkomplexe über 2000 ha sind vergleichsweise selten. Die Almwirtschaft spielt eine wichtige Rolle beim Erhalt bzw. der Wiederherstellung von Birkhuhnlebensräumen.

Das Birkhuhn ist ganzjährig im jeweiligen Lebensraum, der die unterschiedlichen saisonalen Ansprüche erfüllen muss. Während der Überwinterung müssen geeignete Nahrungsquellen (aus dem Schnee ragende Gehölze, z. B. Grünerle, Latsche) und auf der anderen Seite Möglichkeiten, z. B. Schneehöhlen anzulegen, verfügbar sein.

Winter – Zeit der Ruhe

Schneehöhlen sind für den Energiehaushalt entscheidend, weil die geringe Wärmeleitfähigkeit des Schnees für Isolation sorgt. So können in der Schneehöhle Temperaturen über null Grad Celsius herrschen, während die Außentemperaturen mit Chillfaktor unter −25 °C betragen. Der Temperaturgradient kann bis zu 50 °C betragen! In der Schneehöhle besteht jedoch die Gefahr, dass sich auf der Schneeoberfläche eine Eislamelle bildet, unter der die Vögel gefangen sind. So verlassen die Vögel bei kurzfristigem Temperaturanstieg (der die Schneeoberfläche schmelzen lässt) auch während der Nacht die Schneehöhle. Generell werden die Höhlen ab −4 °C und tiefer aufgesucht. Das kann auch am Tag der Fall sein, wenn es besonders kalt ist. Für jede Ruhephase wird eine neue Höhle angelegt. Die Anlage der Höhle erfordert geeignete Schneebedingungen. Der Schnee muss locker genug sein. Manchmal müssen die Vögel harschige oder windgepresste Deckel mit den Füßen scharrend beseitigen. Die meisten Schneehöhlen befinden sich in Schattenhängen (der Expositionen Nord oder Ost). Während dauerhafter Schneefälle und Neuschneezuwachs (ohne Sonneneinstrahlung) werden die Schneehöhlen auch in völlig flachen Bereichen angelegt. Manchmal befinden sie sich unter Bäumen, wodurch Beschattungen auftreten. Schneehöhlen lassen sich während der Nutzung äußerst schwer, nach dem Verlassen durch die Vögel aber relativ leicht erkennen, weil sich an der Höhle Spuren befinden: entweder Abdrücke von Flügeln (wenn direkt gestartet wurde), häufiger aber Laufspuren im Schnee, die zu den nächsten Nahrungspflanzen führen. Steht man direkt über der Schneehöhle, so erkennt man bei Entfernung der Schneeoberfläche größere Losungshaufen. Die typische Winterlosung sind gekrümmte, feste, pelletartige Walzen, die etwa alle 15 Minuten produziert werden. In 8 Stunden werden so an die 50 Walzen produziert. Manchmal ist die Losung dünnflüssig, wir sprechen dann von Blinddarmlosung. Für die Zersetzung der zellulosehaltigen Knospen und Nadeln sind Magensteinchen notwendig, die von den Vögeln bereits im Herbst aufgenommen werden.

Birkhühner überwintern bei größerer Bestandsdichte in Gruppen von Hähnen und Hennen, die sich dann zur Balz auflösen. Die Schneehöhlen befinden sich oft – je nach Schneesituation – über mehrere Jahre im selben Gebiet.

Balz – Kullern und Treten

Bereits im Hochwinter können kurze Balzphasen auftreten, bei der sich die Hähne aufplustern und ihre Steuerfedern (mit den weißen Schwanzdecken) aufrichten, wobei sie den typischen Balzgesang (Kullern) ausstoßen. Die Balz im engeren Sinn beginnt im Frühjahr und hat in den Nordalpen ihren Höhepunkt in den ersten beiden Maiwochen. In dieser Phase erscheinen Birkhennen am Balzplatz, deren Empfänglichkeit für eine erfolgreiche Befruchtung nur wenige Tage beträgt. Bei der Balz besetzen die Hähne kleinräumige Bereiche und verteidigen diese gegenüber ande-

Das Riedberger Horn ist ein wichtiger Birkhuhnlebensraum. Hier kommen zusammenhängende Habitate vor, die saisonal unterschiedlich verteilt genutzt werden können.

Riedberger Horn, Balderschwang, 28.12.2013.

Birkhühner müssen bei kalten Temperaturen Schneehöhlen aufsuchen. Für jede Ruhephase wird eine neue Höhle aufgesucht/gegraben. Stillachtal (Oberstdorf), 8.4.2021.

Ältere Reste einer Birkhuhnschneehöhle. Die Losungshaufen sind gut erkennbar. Hoher Ifen (Oberstdorf), 2.3.2021.

ren Hähnen. Oft dominiert ein Vogel den Balzplatz und beansprucht eine größere Fläche. Junge Hähne halten sich eher im Randbereich auf. Vorjährige Vögel besuchen verschiedene Balzplätze. Deshalb sind Synchronzählungen wichtig, um Doppelerfassungen zu vermeiden. Im September und Oktober findet die Herbstbalz in etwas abgeschwächter Form zur Frühjahrsbalz statt. Möglicherweise dient sie auch der Vorbereitung oder Prägung von Jungtieren auf den Balzplatz. In den meisten Alpenländern hat sich das Balzgeschehen stark verändert. Große Balzplätze mit vielen Hähnen am Balzplatz sind selten geworden und der Anteil einzeln balzender Hähne nimmt zu. Von Einzelbalz wird ausgegangen, wenn der nächste balzende Hahn mehr als 100 m entfernt lokalisiert werden kann. Nach erfolgreicher Kopulation brütet die Henne 24 bis 28 Tage.

Brutzeit – die „alleinerziehenden" Hennen

Für die Eiproduktion ist die regelmäßige Aufnahme energie- und eiweißreicher Nahrung erforderlich. Krokusse erfüllen diese Bedingungen. Es ist keine Überraschung, dass Birkhuhnbalzplätze oft in der Nähe von markanten Krokuswiesen gewählt werden, sich jedoch bei besonders starker Schneebedeckung auf tiefere Lagen verlagern können (während die Balz selber bevorzugt auf schneebedeckten Kuppen oder Hängen erfolgt).

Das Nest wird am Boden als flache Mulde angelegt und oft unter Zwergsträuchern oder Grasbüscheln versteckt. Während der Brutzeit verlässt die Henne ohne Störungen nur wenige Male pro Tag das Gelege. Die Losung wird dann in größeren Klumpen („Brutlosung") abgelegt. Die Feststellung frischer Brutlosung ist somit ein wichtiger (Warn-)Hinweis für eine Birkhuhnbrut in unmittelbarer Nähe des Fundortes. Bei Annäherung potenzieller Fressfeinde reduziert die Henne den Herzschlag – einerseits um die Bewegung zu reduzieren, andererseits um durch das Herunterfahren des Stoffwechsels entsprechende Gerüche zu reduzieren, die z. B. von Füchsen wahrgenommen werden könnten.

Schlupf – Fressen, Hudern, Fressen

Die Jungvögel sind Nestflüchter und müssen ihr Körpergewicht stark erhöhen. Die Vögel konzentrieren sich deshalb bei der Nahrungswahl auf proteinreiche Insekten. Männliche Jungvögel müssen aufgrund des Geschlechtsdimorphismus hierbei noch stärker wachsen und haben möglicherweise eine größere Sterblichkeit als weibliche Jungvögel. Generell ist die Überlebensrate gering. Eine starke Abhängigkeit von den Witterungsbedingungen kommt vor. Aber auch anthropogene Störungen und Prädation können den Brut- und Aufzuchtserfolg beeinträchtigen. Nach zwei Wochen können die Küken bereits kurze Strecken fliegen und somit besser flüchten, größere Räume nutzen bzw. gegenüber Störungen besser ausweichen.

Störungen im Birkhuhnjahr

Menschliche Aktivitäten berühren jahreszeitlich betrachtet theoretisch alle Phasen des Birkhuhnjahres (s. Abb. unten). Besonders problematisch sind Überschneidungen in den Phasen der Balz, Brut und Aufzucht. Die eigentliche Flaschenhalssituation dürften die ersten 14 Tage nach dem Schlupf sein. Hier können Störungen

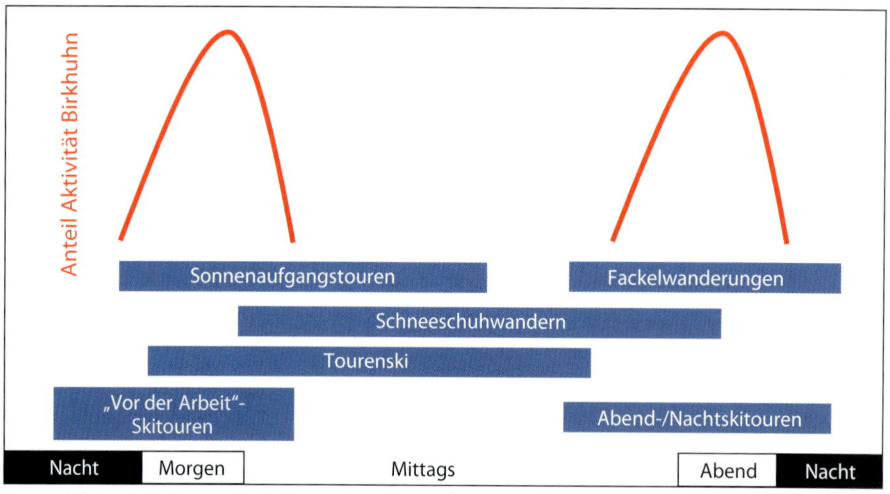

Tageszeitliche Aktivität von Birkhühnern (rote Kurven) und verschiedene menschliche Aktivitäten. Verändert nach Ingold (2005).

das Überleben der Jungvögel direkt beeinflussen und im Extremfall zum Totalausfall führen. In dieser Phase sind potenziell Wandern, Mountainbiken, Zelten/Biwakieren, Drohnenflüge, Gleitschirm und verschiedene Formen der Landnutzung ausgeprägt. Als besonders problematisch müssen frei laufende Hunde in dieser Phase eingestuft werden.

In der Praxis stellt sich natürlich die Frage, ob die jeweiligen Nutzungsarten im jeweiligen Monat den Birkhühnern wirklich räumlich oder tageszeitlich zu nahe kommen.

Die Birkhuhnbalz findet in den frühen Morgenstunden statt. Große Balzplätze mit vielen Hähnen sind sehr selten geworden. Naturpark Nagelfluhkette (Bolsterlang), 5.5.2006.

Tageszeitliche Betrachtung

Birkhühner haben eine typische zweigipflige tageszeitliche Aktivität, die von der Helligkeitsphase bestimmt wird. Die Nahrungssuche erfolgt in den frühen Morgen- und späten Nachmittagsstunden, auch zur Vermeidung von Prädation durch Luftfeinde. Jungvögel fressen nach Ruhe-/Huderphasen bzw. späterer Gefiederpflege während der gesamten Tageszeit. Menschliche Aktivitäten in den frühen (und späten) Tageszeiten können also besonders problematisch sein. Sie können Tiere zeitlich von der Nahrungssuche abhalten oder räumlich von günstigen Standorten fernhalten, insbesondere wenn die Nahrung limitiert ist (z. B. bei großen Schneemengen). Gerade zum Schlupf der Küken ist der Aktionsraum der Henne extrem begrenzt und jede Störung in dieser Phase kann fatale Folgen haben.

Die Mehrheit der Besucher dürfte bei Erreichen von Birkhuhnlebensräumen jedoch außerhalb der kritischen Tageszeiten in Birkhuhnnähe unterwegs sein. Sonnenaufgangstouren oder nächtliche Skitouren können allerdings sehr störend sein. Hier kommt es auf die richtige Route, Spuranlage und verträgliche Abfahrtskorridore an.

Besucheraufkommen unterschiedlich

Die Besucheraufkommen haben im jeweiligen Zielgebiet ein unterschiedliches tageszeitliches Nutzungsprofil, schon alleine aufgrund der Erreichbarkeit oder Abgelegenheit der Gebiete. In manchen Gebieten spielen die Betriebszeiten von Bergbahnen oder Buslinien eine Rolle oder die Frage, ob der Weg mit dem Fahrrad (eisfrei) befahrbar ist. Es ist leider erkennbar, dass sich die Tageszeiten an fast allen Zählpunkten in sensible Stundenintervalle ausweiten. Gerade an Hotspots sind es oft Einheimische, die durch frühe oder späte Begehung den hohen Nutzungszahlen der Tagesgäste ausweichen wollen. Oder es sind „Trainingstouren", die vor oder nach der Arbeit durchgeführt werden. Die Stirnlampentechnik bietet hier neue Bedingungen.

Zu viel Fliegen (und zu wenig Fressen) kann das Aus bedeuten

Gerade an kalten Tagen ist die ungestörte Nahrungsaufnahme besonders wichtig. Fliegen bedeutet für einen Vogel wie das Birkhuhn mit großer Flächenbelastung den 20-fachen Energieverbrauch im Vergleich zu Liegen oder Stehen. Dies erklärt, warum Birkhühner meistens versuchen, Schneehöhlen in der Nähe von Nahrungsflächen anzulegen, um nicht fliegen zu müssen.

Starke Zunahme der Besucherzahlen in den Bayerischen Alpen – auch durch Corona

Generell haben die Nutzungszahlen in vielen Gebieten der Bayerischen Alpen zugenommen. Besonders stark sind die Zunahmen in Gebieten, die sich im Einzugsgebiet

Ein vorjähriger Birkhahn (links) und adulter Birkhahn (rechts) auf Fichte sitzend. Die vorjährigen Birkhähne sind u. a. an den kurzen Schwanzfedern erkennbar. Sie wechseln immer wieder zwischen Balzplätzen und halten sich eher am Rand auf. Stillachtal (Oberstdorf), 12.9.2016.

Birkhennen tauchen nur kurze Zeit am Balzplatz auf. .

Stillachtal (Oberstdorf), 5.5.2012.

von Großstädten befinden, z. B. Werdenfelser Land oder Mangfallgebirge. Vergleicht man Daten des Besuchermonitorings am Riedberger Horn (Landkreis Oberallgäu), so haben sich die Spitzentagessummen mehr als verdreifacht auf über 1000 Besucher pro Tag. Die durchschnittlichen Tageszahlen haben sich 2020 gegenüber 2013 verfünffacht. 2022 gingen die (vorläufigen) durchschnittlichen Tagessummen allerdings gegenüber 2021 um etwa die Hälfte zurück. Dieser Wert entsprach übrigens genau dem Rückgang des Verkaufs der Parkscheine am zentralen Parkplatz Grasgehren. In dem Gebiet Riedberger Horn ist der Balzbestand an Birkhähnen im Zeitraum 2011 bis 2022 von 51 auf 22 zurückgegangen.

Fluchtdistanzen: Eine Frage der Bejagung und Deckung

Nicht jeder Besucher kommt in die Nähe der Vögel und die wichtigste Frage ist, ab welcher Entfernung Birkhühner von Menschen wirklich beeinträchtigt werden. In Gebieten mit Birkhuhnjagd besteht eine deutlich größere Fluchtdistanz als in Gebieten mit ganzjähriger Schonzeit. Dies ist in den bayerischen Grenzgebieten (die vor allem an bejagte österreichische Vorkommen angrenzen) nicht unproblematisch. Generell kann als störungssichere Distanz (für bodengebundene Störungen) eine Entfernung von 100 m angenommen werden. Auf Hubschrauber oder Drohnen reagieren Birkhühner deutlich früher. Luftfeinde sind für Birkhühner bei freier Sicht vermutlich „gefährlicher" als Bodenfeinde. Eine frühzeitige Erkennung und Reaktion erscheint überlebenswichtig. Gegenüber Hubschraubern (und Steinadlern) reagieren Birkhühner bereits erkennbar ab 1000 m Entfernung, eigene Beobachtungen zeigen Fluchtdistanzen gegenüber kleineren Drohnen bereits ab 120 m Überflughöhe (also die Höhe, die gemäß Sichtflugregel maximal zulässig ist).

Störungen im Luftraum wirken früher

Weil Birkhühner Wintergesellschaften bilden, können Störungen im Luftraum eine gesamte Gruppe aufscheuchen und somit unnötig Energie verbrauchen. Gleichzeitig erhöht sich in so einer Situation die Gefahr, von Luftfeinden, die auf einem Ansitz lauern, entdeckt zu werden oder gegen ein Hindernis (z. B. Kabel oder Glasflächen) zu fliegen. Die Fluchtdistanzen gegenüber Gleitschirmfliegern sind bislang unbekannt.

Freizeitaktivitäten sowie sonstige Aktivitäten im Jahresablauf des Birkhuhns (ergänzt nach Ingold 2005). Aktivitäten, die den sensibleren Zeitraum zwischen Balz tangieren, sind unterstrichen. Aktivitäten, die die Brutphase und Aufzuchtszeit, bis Jungvögel ± flugfähig sind, betreffen, sind fett markiert.

	Jan	Feb	Mar	Apr	Mai	Jun	Jul	Aug	Sep	Okt	Nov	Dez
Birkhuhn: Balzzeit				■	■							
Brutzeit, bis Jungvögel ± flugfähig						■	■					
Wandern	■	■	■	■	■	■	■	■	■	■	■	■
Mountainbiken				■	■	■	■	■	■	■	■	
Pilz- und Beerensammeln								■	■			
Zelten/Biwakieren				░	■	■	■	■	■	■		
Drohnenflüge	■	■	■	■	■	■	■	■	■	■	■	■
Schneeschuhwandern	■	■	■	■	■						■	■
Langlauf	■	■	■									■
Tourenski	■	■	■	■	■						■	■
Freeride	■	■	■	■	■						■	■
Iglu-Übernachtungen	■	■	■	■	■							■
Gleitschirm	■	■	■	■	■	■	■	■	■	■	■	■
Vor-/Nachweidepflege Alpwirtschaft					■	■			■	■		
Beweidung Alpwirtschaft							■	■	■			
Forstliche Arbeiten	░	░	░	░	░	░	░	░	■	■	■	░
Jagd Schalenwild	■					░	░	■	■	■	■	■
Jagd Schalenwild auf Sanierungsflächen	■	■	■	■	■	■	■	■	■	■	■	■

Helle Farbtöne: Einfluss ist in der Regel geringer.

Bei manchen Kletterrouten führt der Zu- oder Ausstieg durch Birkhuhnlebensräume.

Jochschrofen (Bad Hindelang), 25.5.2020.

Leider problematischer Trend der sozialen Medien: Sonnenaufgangstouren (und -selfies).
Naturpark Nagelfluhkette (Blaichach), 17.5.2020, 5:38 Uhr.

Bestandszählungen müssen bei Raufußhühnern langfristig ausgerichtet werden. Nur so lassen sich Trends der Population bestimmen, sofern genügend repräsentative Probeflächen ausgewählt werden. Stillachtal (Oberstdorf), 4.5.2021. Alle Fotos: H. Werth.

Genügend große Schutzgebiete für Birkhühner sichern

Somit ist es wichtig, ausreichend große Flächen zu sichern, in denen Birkhühner nicht am Boden (oder in der Luft) gestört werden oder in ihrer Schneehöhle überfahren werden. Als Mindestgröße für winterliche Schutzgebiete werden 40 ha angenommen, sofern auf dieser Fläche die Anforderungen der Tiere erfüllt werden: Sicherlich spielen neben der effektiven Flächengröße die Habitateignung und Deckung eine wichtige Rolle. Insgesamt gibt es wenig Untersuchungen zur Wirksamkeit von freiwilligen bzw. amtlich verordneten Schutzgebieten für Birkhühner. Hier besteht auch sowohl hinsichtlich des angestiegenen Freizeitdrucks als auch bezüglich der Effizienz von tageszeitlichen und saisonalen Regelungen Forschungsbedarf.

Schlechter Erhaltungszustand und Handlungsbedarf in Bayern

In vielen alpinen bayerischen Vogelschutzgebieten stellt somit das Birkhuhn eine relevante Zielart des nationalen und internationalen Naturschutzes dar. Im Rahmen der Managementplanungen wurden Bestände erfasst und der Erhaltungszustand eingeteilt. In den meisten bayerischen Gebieten wird der Erhaltungszustand als C (ungünstig/schlecht) eingestuft. Damit sind Schutz- und Wiederherstellungsmaßnahmen verpflichtend.

Werden Almflächen nicht mehr beweidet, kann sich eine Verschlechterung der Habitatstrukturen, hauptsächlich der Aufzuchtsgebiete ergeben. Mosaikartige, halboffene Strukturen, insektenreich und warm sind von Vorteil für die Tiere. Zu frühe und oder zu intensive Beweidung kann jedoch negative Folgen haben.
Warmatsgund (Oberstdorf), 16.10.2018.

Ausblick

Das Naturbetreuernetzwerk des Bayerischen Umweltministeriums wird bei der weiteren Arbeit vor Ort in Zusammenarbeit mit den Behörden und Nutzergruppen eine wichtige Rolle bei der weiteren Arbeit spielen. Neben der Besucherinformation und -lenkung kommt der Lebensraumsicherung bzw. -wiederherstellung durch die Almwirtschaft eine entscheidende Rolle zu. Jede Birkhuhnmeldung auf *ornitho.de* kann helfen, Informationslücken dieser unauffälligen Art zu schließen. Machen Sie mit!

Henning Werth

Literatur zum Thema

Glutz von Blotzheim U N 2001: *Tetrao tetrix* - Birkhuhn. In: Urs N. Glutz von Blotzheim: Handbuch der Vögel Mitteleuropas. Bd. 5. Vogelzug-Verlag, Wiebelsheim.

Hüppop O 1995: Störungsbewertung anhand physiologischer Parameter. Ornithol. Beobachter 92: 257-268.

Ingold P 2005: Freizeitaktivitäten im Lebensraum der Alpentiere. Konfliktbereiche zwischen Mensch und Tier. Haupt Berne-Verlag.

Lentner R, Masoner A, Lehne F 2018: Sind Zählungen an Balzplätzen von Auer- und Birkhühnern noch zeitgemäß? Ergebnisse aus dem Raufußhühner-Monitoring Tirol. Ornithol Beobachter 115: 215-238.

Marti C 2018: Schutz des Birkhuhns in den Alpen. Naturschutz und Landschaftsplanung. Ausgabe 07/2018.

Werth H, Kraft B 2015: Untersuchungen am Birkhuhn (*Tetrao tetrix*) im Gebiet des Riedberger Horns. Ber. Vogelschutz 52: 69-84.

Zbinden N, Salvioni M 2004: Bedeutung der Temperatur in der frühen Aufzuchtszeit für den Fortpflanzungserfolg des Birkhuhns *Tetrao tetrix* auf verschiedenen Höhenstufen im Tessin, Südschweiz. Ornithol. Beobachter 101: 207-318.

Henning Werth ist Biologe und stellvertretender Leiter des Alpinium. Raufußhühner stellen ein wichtiges Arbeitsgebiet der 2019 gegründeten staatlichen Naturschutzeinrichtung im südlichen Allgäu dar. Träger ist die Regierung von Schwaben.

Erste weiße Federn im scheckigen Gefieder der Alpenschneehühner zeugen von der Herbstmauser in das komplett weiße Winterfederkleid.
Foto: H.-J. Fünfstück. Zugspitzplatt, 2.8.2016.

Eine mystische Erscheinung:

Das Alpenschneehuhn

Der Klimawandel und seine Folgen rücken immer mehr in das Bewusstsein der Öffentlichkeit. Das Schneehuhn ist eine der Arten, für die ein Rückgang vorhergesagt wird: Auch wenn es mit der Erwärmung immer höhere Regionen besiedeln wird, sind dieser Vertikalbewegung doch Grenzen gesetzt. Besonders in randalpinen Lagen wird man das Schneehuhn kaum noch beobachten können. Mit ein Grund, diese heimliche Vogelart näher zu beleuchten.

Die Luft ist klirrend kalt, die Sterne beginnen zu verblassen. Da ertönt aus der Dunkelheit das charakteristische Knarren eines balzenden Schneehahns. Und da – vom Gegenhang noch ein Ruf. Ich habe wohl einen guten Platz gewählt. Plötzlich sehe ich einen weißen Hahn schemenhaft laut rufend knapp über mir hinwegziehen und in der Dämmerung verschwinden. Schneehühner sind nicht nur Meister der Tarnung, sie tauchen oft plötzlich aus dem Nichts auf – und sind genauso schnell wieder verschwunden. Die heimischen Raufußhühner haben unterschiedliche Paarungssysteme: Auer- und Birkwild zeigen eine sogenannte „Arenabalz", das heißt die Männchen versammeln sich an bestimmten Orten und bemühen sich dort um die Kopulation mit den herangelockten Weibchen. Im Gegensatz dazu sind Alpenschneehühner, wie die Haselhühner, monogam. Bei der Arenabalz gibt es keine Bindung zwischen den Geschlechtern, die Hennen suchen sich den für sie besten Hahn aus und gehen nach der Kopulation wieder ihrer eigenen Wege. Schneehühner bleiben zumindest bis zur vollständigen Eiablage ein Paar, was vermutlich aber eher eine Zweckgemeinschaft darstellt. Die Hähne verteidigen ergiebige Nahrungsgründe gegen Rivalen, und Weibchen siedeln sich in den Revieren an, in denen sie ausreichend Nahrung zur Eiproduktion finden. Diese ist nämlich limitiert: Energiereiche Nahrungspflanzen wie Heidelbeeren, Almrosen oder Zwergweiden sind meist wenig frosthart und auf eine permanente Schneebedeckung im Winter angewiesen. Das bedeutet gleichzeitig, dass sie erst spät im Frühjahr ausapern, also schneefrei werden, und während der Zeit der Eiablage nur spärlich zur Verfügung stehen. In dieser Zeit wacht der Hahn eifersüchtig über seine Henne und folgt ihr auf Schritt und Tritt mit aufgeplustertem Gefieder und fast dauernd zur Schau gestellten „Rosen". So hat er die Rolle eines Leibwächters mit zwei wesentlichen Aufgaben: Durch seine ununterbrochene Wachsamkeit kann sich die Henne stärker der Nahrungsaufnahme widmen. Gleichzeitig verhindert er, dass sie sich mit einem anderen Hahn paart. Schon während die Henne auf den Eiern sitzt, verlässt er sie und folgt ab Ende Juni dem schmelzenden Schnee und frischem Grün in größere Höhenlagen. Bald nachdem die Jungen geschlüpft sind, tut es ihm die Henne gleich. Die Küken sind dabei schon nach wenigen Tagen erstaunlich mobil und machen bereits mit circa 7 bis 10 Tagen erste Flugversuche. Sie sind aber noch stark auf die Mutter angewiesen und müssen besonders bei kühler, nasser Witterung unbedingt regelmäßig gehudert werden, da sie sonst sehr schnell auskühlen und sterben können. Auch beim Fressen brauchen sie noch Anleitung. Die Familie bleibt den Sommer über zusammen und ab Herbst schließen sich oft mehrere Familien zusammen und bilden große „Ketten".

Schwierige Nahrungssuche im Winter

Auch im Winter sind größere Gruppen zu beobachten, oft nach Geschlechtern getrennt. In dieser harten Zeit richten sich die Schneehühner wiederum nach der Nahrung. Die kälteharte Vegetation der Steilhänge und Windkuppen ist rohfaserreich und enthält wenig Energie. Sie ist jedoch das Einzige, was zur Verfügung steht. Je nach Wetterlage müssen Schneehühner daher zu günstigen Nahrungsplätzen wechseln. Dazu gehören Gämsheide-Bestände auf freigefegten Windkuppen, Gräser und Kräuter auf südexponierten Hanglagen oder Zwergwacholder bei Felsbuckeln. Bei sehr starken Schneefällen bricht der Schnee von den Felsbändern der Nordhänge ab und schmale Vegetationsstreifen werden freigelegt, sodass an diesen Stellen sogar manchmal Heidelbeeren zugänglich werden. Zur Erschließung dieser wechselnden Nahrungsquellen ist es günstig, sich in Gruppen zu bewegen. Die Verteidigung gegen Artgenossen ist kräfteraubend und hat keinen Sinn, da morgen alles schon wieder anders aussehen kann. Hingegen sind mehrere Augen wachsamer, sodass zum Beispiel der bedrohliche Steinadler schon früher erspäht werden kann. In den Brutgebieten verteidigen die Hähne bereits während der Herbstbalz ihre Reviere. Auch im Hochwinter rufen sie bei günstigen Wetterbedingungen frühmorgens im Brutgebiet, ab April halten sie sich permanent dort auf.

Schneeschuhe und wechselndes Federkleid

Dieser raue Lebensraum hat zu vielen Anpassungen bei den Schneehühnern geführt. Neben den befiederten „Schneeschuhen" führt die im Sommerhalbjahr fast durchgehende Mauser zu einem ständig wechselnden Federkleid. Zeitpunkt und Geschwindigkeit der Brut-, Herbst- und Wintermauser hängen stark von der Temperatur ab. Während die reinweißen Hüh-

Die Flügel – hier bei der Henne gut zu sehen – bleiben das ganze Jahr über weiß.

Foto: H.-J. Fünfstück. Westliche Karwendelspitze Mittenwald, 3.9.2011.

Die Henne verlässt mit ihrem Nachwuchs auf der Suche nach hochwertiger Nahrung schon bald das Brutrevier. Foto: H.-J. Fünfstück. Karwendelgrube Mittenwald, 24.8.2011.

ner im Hochwinter kaum zu sehen sind, sorgt das gescheckte Gefieder im Frühling dafür, dass sie auch in der mosaikartigen Landschaft mit kleinräumigen Wechseln zwischen Schneeresten und ausapernder Vegetation gut getarnt sind. Gerade zum Ruhen halten sie sich gerne am Rande von Schneefeldern auf, wo sich ihre Umrisse auflösen. Eine weitere Verhaltensanpassung ist das Ausharren in Schneehöhlen über Nacht oder bei besonders harten Bedingungen. So geschützt können sie auch Extremtemperaturen gut vertragen. Im Hochsommer ist das Gefieder für kurze Zeit vollständig graubraun, nur die Flügel und Unterseite bleiben immer weiß.

Aufwendige Erfassungen

Wenn man Schneehühner zählen und kartieren will, ist man genau wie sie den Bedingungen des Hochgebirges unterworfen. Für Dichteerhebungen und Revierabgrenzung muss man spätestens ab Mai die Brutgebiete, die großteils zwischen 2000 und 2500 m liegen, aufsuchen. Zu der Jahreszeit liegt noch meterhoch Schnee und man ist erheblicher Lawinengefahr ausgesetzt. Wenn man im Dunkeln aufsteigt, ist der Schnee noch gefroren und birgt in steilen Bereichen Absturzgefahr. Sobald man am Zählpunkt angekommen ist, heißt es warm einpacken, Tee trinken und abwarten. Noch im Dunkeln beginnen die Hähne zu rufen, danach kann sich die Balz je nach Bedingungen bis circa 10 Uhr erstrecken. Bei Nebel und schlechter Sicht sind die Hähne dabei länger ruffreudig, da sie vom Steinadler kaum einen Angriff zu befürchten haben. Da die Reviere durchaus 10 ha groß sein können, sind für Synchronzählungen mehrere Personen notwendig, die beim Verorten der rufenden Hähne immer die genaue Uhrzeit notieren. Nach dem Verhören nutzt man meist den restlichen Tag, um das Gebiet in Schleifen nach Losung abzusuchen. Dabei bricht man mit steigender Temperatur immer öfter bis zur Hüfte im Schnee ein und das Risiko für

Gegen Ende des Winters beginnen sich die Gruppen aufzulösen. Foto: H.-J. Fünfstück. Karwendel, 20.10.2017.

Das Alpenschneehuhn ist zu jeder Jahreszeit gut getarnt. Foto: H.-J. Fünfstück. Karwendelgrube Mittenwald, 14.8.2011.

Winterlosung am Schlafplatz.

Foto: H.-J. Fünfstück. Karwendel, 23.4.2011.

Schneebretter wird größer: Schneebretter sind Lawinen, die oft von Menschen oder Tieren ausgelöst werden, wodurch die Schneedecke an einer scharfen Linie quer zum Hang abreißt. Mit etwas Übung bekommt man ein Auge für typische Rastplätze, an denen man fündig werden kann, meist mit Deckung nach oben, freier Sicht und Abflugmöglichkeit nach unten. Da Schneehühner in kurzen zeitlichen Abständen eine Losung absetzen, kann man anhand der „Walzen" sogar abschätzen, wie lange sie geruht haben. Bei Schlafplätzen kann man dadurch sogar die Nachtdauer und damit die Jahreszeit, zu der der Schlafplatz genutzt wurde, eingrenzen. Auch wenn sich die rohfaserreiche Winterlosung von der Brutlosung unterscheidet, ist der Unterschied im Gelände nicht immer eindeutig zu erkennen. Im feuchten Schnee quillt die Losung auf und wirkt länger frisch, auf schneefreien, sonnenexponierten Plätzen trocknet sie sehr schnell aus.

Naturgemäß sind wegen des großen Aufwands Dichteerhebungen von Schneehühnern relativ selten. In den Gebieten der Zentralalpen Österreichs und der Schweiz werden Dichten zwischen drei und sechs Revieren/100 ha dokumentiert. In den Kerngebieten (Ötztaler und Zillertaler Alpen, Aletschgebiet im Wallis) können es 10 bis 14 rufende Hähne pro 100 ha sein, die allerdings auch unverpaart sein können. In den randalpinen Lagen in Deutschland wurden maximal 2,7 bis 4,5 Brutpaare pro 100 ha festgestellt.

Düstere Aussichten

Zur Bestandsentwicklung der Art in den Alpen gibt es hauptsächlich aus der Schweiz detailliertere Untersuchungen. Hier zeigt sich, dass zwischen 1995 und 2012 der Bestand in den Zählgebieten um durchschnittlich 13 % abgenommen hat. Es gab aber starke Unterschiede zwischen den Gebieten: Manche Regionen verzeichneten Einbußen von bis zu 50 %, während der Bestand in anderen um 6 % gestiegen ist. Modelle zeigen, dass sich durch die höheren Durchschnittstemperaturen aufgrund des Klimawandels das bis 2070 potenzielle Habitat um zwei Drittel verringern und in Richtung Gipfel verschieben wird. Im Aletschgebiet sank der Bestand in tieferen Lagen bereits aufgrund von Verwaldung, in höheren Lagen konnte aber noch kein Zuwachs verzeichnet werden. Auch in Südtirol und den österreichischen Alpen ist das Alpenschneehuhn aus tiefer gelegenen Randgebieten mittlerweile verschwunden, aus Deutschland fehlen belastbare Zahlen. Es wird erwartet, dass die Verbreitung in den Alpen zunehmend lückiger wird und die Art in den Pyrenäen bis zum Ende des Jahrhunderts sogar aussterben könnte. Lokal können neben der Klimaerwärmung auch Störungen, Kollisionen mit touristischer Infrastruktur oder die Jagd die Bestände zum Verschwinden bringen. Für das „Gespenst der Alpen" ist also leider keine rosige Zukunft zu erwarten.

Katharina Bergmüller

Literatur zum Thema

Arbeitsgemeinschaft für Vogelkunde und Vogelschutz – Südtirol (2017): Atlas der Brutvögel Südtirols 2010-2015.

Bossert A. (1980): Winterökologie des Alpenschneehuhns (*Lagopus mutus* Montin) im Aletschgebiet, Schweizer Alpen. Orn. Beob. 77: 121-166.

Furrer, R., M. Schaub, A. Bossert, R. Isler, H. Jenny, T. Jonas, C. Marti & L. Jenni (2016): Variable decline of Alpine Rock Ptarmigan (*Lagopus muta helvetica*) in Switzerland between regions and sites. J. Ornithol. 157: 787–796.

Glutz v. Blotzheim U.N. & K.M. Bauer (Hrsg.) (1993): Handbuch der Vögel Mitteleuropas., Band 13. Aula-Verlag, Wiesbaden.

Gedeon K. u.a. (2014): Atlas Deutscher Brutvogelarten. Stiftung Vogelmonitoring Deutschland und Dachverband Deutscher Avifaunisten, Münster.

Keller, V. u.a. (2020): European Breeding Bird Atlas 2: Distribution, Abundance and Change. European Bird Census Council & Lynx Edicions, Barcelona.

Knaus P., S. Antoniazza, S. Wechsler, J. Guelat, M. Kery, N. Strebel & T. Sattler (2018): Schweizer Brutvogelatlas 2013–2016. Verbreitung und Bestandsentwicklung der Vögel in der Schweiz und im Fürstentum Liechtenstein. Schweizerische Vogelwarte, Sempach.

Lentner, R., F. Lehne, A. Danzl & B. Eberhard (2022): Atlas der Brutvögel Tirols. Abteilung Umweltschutz der Tiroler Landesregierung. Berenkamp, Innsbruck.

Peer K. (2005): Habitatmerkmale von Brutrevieren des Alpenschneehuhns (*Laopus mutus*) im Kühtai, Tirol. Egretta 48: 35-44.

Revermann, R., H. Schmid, N. Zbinden, R. Spaar & B. Schröder (2012): Habitat at the mountain tops: how long can Rock Ptarmigan (*Lagopus muta helvetica*) survive rapid climate change in the Swiss Alps? A multi-scale approach. J. Ornithol. 153: 891-905.

Teufelbauer et al. (in Vorb.): Atlas der Brutvögel Österreichs 2013-2018. BirdLife Österreich & Österreichische Bundesforste.

Dr. Katharina Bergmüller hat nach ihrer Forschung im Bereich Verhaltensökologie die Habitatwahl des Alpenschneehuhns näher untersucht und über die Jahre in verschiedenen Kartierungsprojekten zu Rauhfußhühnern mitgearbeitet. Derzeit ist sie wissenschaftliche Mitarbeiterin bei BirdLife Österreich, mit Schwerpunkt Kulturlandschaftsvögel.

Männliches Steinhuhn im Alpenzoo Innsbruck. Die Weibchen sind etwas kleiner und schlanker, was aber nur im direkten Vergleich eines Paares auffällig ist. Foto: I. Weiß. 2.6.2011.

Ein Phantom der Alpen:

Das Steinhuhn

Steinhühner zu beobachten ist ein seltenes Glück, selbst für Alpenornithologen. Ihre äußerst versteckte Lebensweise, ihr schwer zugänglicher, zerklüfteter Lebensraum und ihr Vorkommen in geringer Dichte an nur wenigen geeigneten Stellen im deutschen Alpenraum bringen ausgesprochene Herausforderungen für seine Beobachtung und Erfassung mit sich. Dennoch (oder gerade deshalb) lohnt sich eine genauere Betrachtung des Steinhuhns, denn es weist einige Besonderheiten auf.

Das Steinhuhn ist ein echter Europäer, es gehört zu den wenigen Vogelarten, deren Verbreitung gänzlich auf Europa beschränkt ist. Es kommt vom Westrand der Alpen über den gesamten Alpenbogen in der Unterart *saxatilis*, vom Dinarischen Gebirge und die Berge des Westbalkans bis nach Griechenland auf den Peloponnes in der Nominatform vor. Isolierte Verbreitungsinseln bestehen in Italien in den Apenninen (ssp. *orlandoi*) sowie auf Sizilien mit dem von manchen Autoren als eigene Art angesehenen Taxon *whitakeri*. Das Steinhuhn ist sehr eng verwandt mit dem Rothuhn (*Alectoris rufa*), mit dem es in den Westalpen eine schmale Hybridisierungszone (eine räumliche Grenzzone zwischen zwei Arten oder Unterarten, in der regelmäßig Hybriden auftreten) ausbildet, sowie mit dem Chukarhuhn (*Alectoris chukar*), das es vom Südosten Bulgariens bis in die asiatischen Gebirge ersetzt. Das Steinhuhn ist das einzige ostmediterran-turkestanische Faunenelement, das die Alpen besiedeln konnte, und die einzige mediterrane Art, die die Alpen ganzjährig bewohnt.

Wechselvolles Vorkommen im deutschen Alpenraum

In den Alpen hat das Steinhuhn seine größten Vorkommen in Höhenlagen zwischen 1600 m und 2500 m ü. N. in den Süd- und Zentralalpen, während es in den Nordalpen in Höhenlagen von 1500 m bis 2100 m ü. N. nur lückig und in geringer Dichte verbreitet ist. Für die Schweiz wird ein Bestand von 2500 bis 4500 Brutpaaren geschätzt, in Frankreich ein stark fluktuierender Bestand von 2500 bis 3000 Brutpaaren. Der Gesamtbestand für Österreich wurde mit 700 bis 1200 Brutpaaren bisher offenbar deutlich unterschätzt, denn der neue Brutvogelatlas von Tirol gibt allein für dieses Bundesland 800 bis 1100 Brutpaare an. Im deutschen Alpenraum hat das Steinhuhn am Nordrand seiner Verbreitung eine wechselhafte Geschichte hinter sich. Bestandszunahmen während klimatisch günstiger Phasen wurden zu Beginn des 20. Jahrhunderts und erneut in den 1940er-Jahren verzeichnet. In den 1950er-Jahren brachen die Bestände ein und erloschen regional vollständig, der letzte Brutnachweis gelang 1979 im Allgäu. In der Folge galt das Steinhuhn in Deutschland jahrelang als ausgestorben, erst mit der Neuentdeckung eines Vorkommens im Allgäu im Jahr 2002 wurde der Art wieder mehr Aufmerksamkeit gewidmet. In der Folge gelangen weitere Nachweise vor allem im Allgäu und im Werdenfelser Land. Brutzeitnachweise blieben aber spärlich und erst 2012 gelang ein Brutnachweis im Allgäu und 2020 im Werdenfelser Land. Gezielte Nachsuche in potenziell geeigneten Habitaten erbrachte Ende der 2000er-Jahre eine Bestandsschätzung von mindestens neun Revieren im bayerischen Alpenraum. An diesem Kenntnisstand hat sich seither wenig geändert. Es wurden zwar weitere Vorkommen entdeckt, andere Reviere aber aufgegeben bzw. es gelangen dort keine neuen Nachweise mehr. Allerdings konnten aufgrund der Schwierigkeiten bei der Erfassung der Art jeweils nur wenige Nachweise pro Jahr erbracht werden bzw. bestehende Vorkommen überhaupt erst überprüft werden. Im mittleren bayerischen Alpenraum ist nach wie vor von einem Bestand von mindestens vier bis fünf Revieren auszugehen. Dagegen gelangen im Allgäu offenbar seit knapp zehn Jahren keine neuen Nachweise mehr (D. Honold mdl. Mitt). Die Datenlage in den Berchtesgadener Alpen bleibt nach wie vor auf sporadische Einzelbeobachtungen beschränkt.

Lebensraum im schwer einsehbaren Steilgelände

Steinhühner bewohnen lückiges, trockenes Grasland an reich strukturierten Hängen, mit eingestreuten Felsen, Büschen oder Einzelbäumen. In den Alpen besiedeln sie bevorzugt steile, mit Felsen und Geröll durchsetzte sonnenexponierte Berghänge an oder über der Baumgrenze. Wichtig ist insbesondere eine vielfältige Kleinstruktur,

Männliches Steinhuhn im Karwendelgebirge. Der erste belegte Nachweis seit Jahrzehnten im Werdenfelser Land.
Foto: I. Weiß. Karwendel, 11.9.2010.

in der das Steinhuhn sein hohes Deckungsbedürfnis erfüllen kann. Dazu dienen Hangrücken, Felsbänder und -blöcke, Rinnen und Mulden, Geröllfelder sowie Zwergsträucher und Latschenfelder bis an die Baumgrenze hinunter. Auch Kleinstrukturen wie Grasbulten und Horste der alpinen Mattenvegetation spielen eine wichtige Rolle. Je schlechter das Gelände einsehbar ist, desto mehr wird es vom Steinhuhn bevorzugt. Es ermöglicht ihm gute Versteckmöglichkeiten vor Prädatoren und kurze Fluchtwege, ohne gleich abfliegen zu müssen. Da Steinhühner trockene, lückige Vegetation als Lebensraum bevorzugen, finden sie sich in den Alpen insbesondere auf stark besonnten, meist südexponierten Steilhängen ein. In Gebieten mit starkem Geländerelief verschiedener Expositionen sind sie aber durchaus auch in anderen Expositionen zu finden, teilweise sogar unterhalb der großen, schattigen Nordwände der Bayerischen Alpen.

Steinhühner besiedeln gerne südexponierte, durch Felsbänder stark strukturierte Steilhänge. Der Lebensraum knapp oberhalb der Baumgrenze zeichnet sich durch starkes Makro- und Mikrorelief aus, das gute Deckungsmöglichkeiten bietet.
Foto: I. Weiß. Werdenfelser Land, August 2021.

Jahresablauf am Berg

Im Winter sinken Steinhühner stärker im Schnee ein als Raufußhühner, da sie keine befiederten Füße besitzen. Sie können vor hohen Schneelagen in zwei Richtungen ausweichen: in tiefere Lagen (z. B. in Lichtwaldbereiche knapp unterhalb der Baumgrenze) oder in exponierte Grat- und Steillagen, oder sogar in Felswände, in denen Wind, Lawinen und Sonne die Schneedecke reduzieren.

Steinhühner sind überwiegend tagaktiv, die Rufaktivität ist oftmals während der Dämmerungszeiten am höchsten. Sie bilden monogame Saisonehen. Diese werden nach Auflösung von Wintergruppen im Frühjahr zwischen März und Mai geschlossen. Es werden aber nur die engeren Brutreviere gegen Eindringlinge verteidigt. Das macht es den um Bestandserfassungen bemühten Ornithologen oftmals sehr schwer, die Art nachzuweisen, denn nach der Verpaarung ab etwa Mitte Mai lässt die Rufaktivität der Hähne stark nach. Zur Zeit der Eiablage im Juni steigern die Hähne ihre Aktivität nochmals kurzzeitig, um dann meist im Juli das engere Brutgebiet zu verlassen. Die Henne ist mit der Jungenaufzucht auf sich gestellt. Die Jungen schlüpfen meist im Juli bis Anfang August und werden von der Henne gerne etwas höher die Hänge hinaufgeführt. Im Herbst halten sich die Steinhühner merklich höher am Berg und deutlich über der Baumgrenze auf als während der Brutzeit, bis sie von den ersten Schneefällen wieder nach unten gedrängt werden.

Steinhuhnjunge sind mit ihrer Tarnfärbung fast unsichtbar und drücken sich in kleinste, Deckung bietende Strukturen.
Foto: I. Weiß. Kroatien, 20.6.2011.

Die Schwierigkeit der Erfassung

Steinhühner gehören zu den deutschen Brutvogelarten, deren Erfassung am aufwendigsten und schwierigsten durchzuführen ist. Das liegt unter anderem am Lebensraum im alpinen Gelände und der Habitatpräferenz für extrem unzugängliche, meist sehr steile und stark gegliederte Hanglagen, für deren Erreichbarkeit

Steinhuhnlosung zeichnet sich im Vergleich zu Raufußhuhnlosung durch eine variablere, oft in sich gedrehte Form und das Fehlen von verholztem Pflanzenmaterial aus. Foto: I. Weiß. Karwendel, 11.9.2010.

bereits etliche Höhenmeter zurückzulegen sind. Die beste Erfassbarkeit besteht zur Hauptbalzzeit, diese beginnt jedoch bereits im zeitigen Frühjahr, wenn in den Lebensräumen und deren Zugängen noch Schneefelder den Anmarsch erschweren oder unmöglich machen. Bei besserer Begehbarkeit ab Mai sind die Hähne bereits wieder deutlich weniger rufaktiv. Die Rufaktivität beschränkt sich bei Einzelpaaren oftmals auf wenige Strophen am Tag und sie verschieben ihre Aktivitäten merklich in die Dämmerungsphasen hinein, sodass zur systematischen Erfassung in der Regel ein sehr früher Start in der Dunkelheit notwendig ist. Ab Mitte August bis Anfang Oktober besteht dann nochmals ein Zeitfenster, in der die Art etwas besser zu erfassen ist. Die extrem versteckte Lebensweise im stark strukturierten Steilgelände, die geringe Rufaktivität während des Tages und die Neigung, bei sichtbaren Störungen in Deckung und so gut wie unsichtbar von der Störquelle wegzulaufen, haben dem Steinhuhn einen legendären Ruf als Phantom der Alpen eingetragen. Sichtbeobachtungen gelingen in der Regel allenfalls nach stundenlangem Ansitz in bekannten Brutrevieren oder bei überraschender Störung, wenn die Vögel in pfeilschnellem Flug hangabwärts verschwinden und dort wieder in Deckung und außerhalb der Sichtweite landen. Trotz dieser Widrigkeiten sollte in bekannten Revieren dringend vom Einsatz von Klangattrappen abgesehen werden, da deren Wirkung auf die wenigen deutschen Brutpaare nur schwer eingeschätzt werden kann!

Weitere Nachweismöglichkeiten bestehen in der gezielten Nachsuche nach der charakteristisch geformten Losung sowie von Sandbadeplätzen.

Warum sollte man sich das alles also antun? Der Kenntnisstand von Verbreitung, Stetigkeit der Vorkommen und Lebensraumansprüchen des Steinhuhns in den deutschen Alpen ist nach wie vor sehr gering und schon einzelne Beobachtungen können hier neue Erkenntnisse liefern. Bei welcher deutschen Brutvogelart ist das noch möglich? Und das in einer grandiosen alpinen Wildnis? Also: Auf in die Berge!

Ingo Weiß

Literatur zum Thema

Bauer H-G, Fünfstück H-J, Lang T, Weiß I, Werth H 2009: Rezentes Vorkommen und Status des Steinhuhns *Alectoris graeca* in Deutschland. Limicola 23: 177-201.

Corso A 2010: Sicilian Rock Partridge. Identification and taxonomy. Dutch Birding 32: 79-96.

Dubois P J, Le Maréchal P, Olioso G, Yésou P 2008: Nouvel inventaire des oiseaux de France. Paris, Delachaux et Niestlé.

Hafner F 1994: Das Steinhuhn in Kärnten. Carinthia Sonderheft 52: 1-135, Klagenfurt.

Honold J 2014: Brutnachweis des Alpensteinhuhns *Alectoris graeca saxatilis* in den Allgäuer Hochalpen. Otus 5: 13-15.

Lentner R, Lehne F, Danzl A, Eberhard B 2022: Atlas der Brutvögel Tirols. Verbreitung, Häufigkeit, Lebensräume. Wattens, Berenkamp-Verlag.

Kratzer D, Pielsticker C, Torkler A 2010: Beobachtungen im Brutrevier eines Steinhuhn-Paares *Alectoris graeca saxatilis* in den Allgäuer Alpen – heimlicher Rückkehrer oder übersehener Brutvogel? Otus 2: 1-7.

Maumary L, Vallotton L, Knaus P 2007: Die Vögel der Schweiz. Schweizerische Vogelwarte, Sempach und Nos Oiseaux, Montmollin.

Weiß I 2010: Kontrolle möglicher Vorkommen von Steinhuhn *Alectoris graeca* und Steinrötel *Monticola saxatilis* im Werdenfelser Land 2010. Unveröffentl. Gutachten i. A. des Bayerischen Landesamtes für Umwelt, Garmisch-Partenkirchen.

Ingo Weiß ist Diplombiologe und seit seiner Jugend begeisterter Naturbeobachter. Er arbeitet freiberuflich im eigenen Gutachterbüro hauptsächlich an ornithologischen Fragestellungen im Artenschutz und Gebietsmanagement in Oberbayern.

Bei alpinen Steinadlern bilden Murmeltiere während der Aufzuchtperiode die mit Abstand häufigste Nahrungsquelle.
Foto: D. Jenny. Unterengadin, 30.06.2012.

Im Fokus der Forschung:

Junge Steinadler

Der Lebensraum Alpen ist für den König der Lüfte, den Steinadler, heute weitgehend ausgebucht. Einst verfolgt und fast ausgerottet, wird dessen Bestand heute durch innerartliche Effekte auf natürliche Weise reguliert. Menschbedingte Einflüsse kommen allerdings dazu. Ein internationales Forschungsprojekt beleuchtet die Wanderungsbewegungen von jungen Steinadlern, deren Leben alles andere als stressfrei ist.

Auf der Suche nach Nahrung in Form von Wildtierkadavern legen immature Steinadler täglich bis zu 200 km zurück. Im Bild ein dreijähriger Jungvogel (4. Kalenderjahr) mit Hand- und Armschwingen der ersten (hellbraun, länger), der zweiten (dunkler, kürzer) und ersten Federn der dritten Generation.

Foto: S. Denis. Fully/Wallis, 17.2.2013.

Steinadler gelten als Bewohner der Gebirge. Tatsächlich beherbergen die Alpen mit ca. 1300 bis 1500 Paaren heute den bei weitem größten Steinadlerbestand in Mitteleuropa. Das hat weniger mit deren Vorliebe für höhere Lagen zu tun, als mit den Ansprüchen, die die exzellenten Jäger an ihren Lebensraum stellen: halboffenes bis offenes Gelände, gut geschützte Brutmöglichkeiten, geeignete Aufwindsysteme und ausreichende Beutetierbestände.

Murmeltiere als Optimalbeute

Das im ganzen Alpenraum verbreitete Murmeltier bietet quasi alle Voraussetzungen für eine Optimalbeute des Königs der Lüfte. Bezüglich Größe (3 bis 5 kg), Verbreitung, Häufigkeit und Zugänglichkeit erfüllen die alpinen Großnager diese Bedingungen in idealer Weise. Steinadler und Murmeltiere haben sich auch über lange Zeit koevolutiv entwickelt. Die Räuber-Beute-Beziehung hat – einem Wettrüsten gleich – zu stets präziseren Anpassungen von Verhalten und Körpermerkmalen geführt und die beiden Arten zu dem gemacht, was sie heute sind. Das Murmeltier mit Fluchtverhalten, seitlich angelegten Augen zur Rundumsicht und ausgeklügelten Alarm- und Kommunikationssystemen und der Steinadler mit rekordmäßig leistungsfähigen Augen, Beuteschlagreflexen und dolchartigen, starken Krallen zum blitzschnellen Töten und Wegtragen der Beute. Allerdings stehen die alpinen Nager nur im Sommerhalbjahr als Futter zur Verfügung, weil sie einen echten Winterschlaf durchführen und in der kalten Jahreszeit unter den

Im Winter nutzen Steinadler – zusammen mit anderen Aasfressern – vorwiegend tote Huftiere. Immature Steinadler leben praktisch ganzjährig geierartig. Hier ein Jungadler im zweiten Kalenderjahr an einem Rothirschkadaver, im Hintergrund ein Bartgeier in Warteposition. Foto: D. Jenny. Unterengadin, 11.11.2021.

Bei der Vorbereitung für eine Besenderung müssen besetzte Horste wiederholt kontrolliert werden, um das Entwicklungsalter des Nestlings zu bestimmen. In den Alpen machen Baumhorste etwa 10 % der Steinadlerhorste aus. Sie sind oft einfacher zu kontrollieren als schwer zugängliche Felshorste. Im abgebildeten Horst auf einer Arve (Zirbe) ist ein 3-wöchiger Jungadler zu erkennen. Foto: D. Jenny. Engadin 7.6.2017.

Boden verschwinden. Die Nestlingsperiode der Steinadler (Mai bis Juli), die Zeit ihres größten Futterbedarfs, wird durch die Präsenz von Murmeltieren aber gut abgedeckt. In einem Sommer werden von einem Steinadlerpaar durchschnittlich etwa 50 Murmeltiere erbeutet, dazu kommen Jungtiere von Gämsen, Steinböcken und anderen mittelgroßen Wildsäugern.

Jungadler leben geierartig

Im Winter schlagen Steinadler deutlich weniger Beutetiere. Sie bedienen sich dann in erster Linie an toten Huftieren wie Gämsen, Steinböcken oder Rothirschen. Steinadler werden dann zu Aasfressern, wenn Lawinen und harte Winterperioden besonders viele Opfer unter den Paarhufern fordern. Das ist das Erfolgsrezept des Steinadlers, der unter den *Aquila*-Arten am weitesten verbreiteten Adlerart. Er ist Beutegreifer und Geier zugleich und erschließt sich damit ein breites Nahrungsspektrum, das er je nach Situation anpassen kann. Die Strategie funktioniert im Alpenraum so gut, dass der Steinadler heute im größten naturnahen Ökosystem Mitteleuropas fast flächendeckend vorkommt. Mit Ausnahme von vergletscherten Hochgebirgszonen oder besonders breiten Alpentälern reiht sich heute Revier an Revier. Bedingt durch die strenge Territorialität der verpaarten Adler wird die Paardichte letztlich durch die minimale Territoriumsgröße bestimmt. Lange Zeit hielt man den Alpenraum für vollständig ausgebucht, die Kapazitätsgrenze schien mit etwa 1 Revier auf 70 km^2 erreicht. Nun zeigte sich, dass sich auch heute noch neue Paare zwischen die bestehenden Reviere hineinzwängen und in erstaunlich kleinen Revieren von 10 bis 15 km^2 Fläche sogar erfolgreich brüten können. Das funktioniert aber nur, wenn das Nahrungsangebot auf der kleinen Fläche ausreichend groß ist und optimal genutzt wird. Die flexible Strategie Geier/Beutegreifer erlaubt dem Steinadler eine hocheffiziente, ganzjährige Nutzung des Beutetierangebots. Da er sein Territorium auch in der kalten Jahreszeit aufrecht erhält und gegen Artgenossen verteidigt, kennt er sein Jagdgebiet wie seine Hosentasche und lernt, wo welche Beutetiere wann am besten zu schlagen oder als Aas zu nutzen sind.

Konkurrenzkampf beeinträchtigt die Fortpflanzung

Heinrich Haller fand in den 1980er-Jahren in Graubünden die ersten Hinweise, wie eine natürliche Bestandsregulierung beim Steinadler funktioniert: Die seit der Bestandserholung im Verlauf des 20. Jahrhunderts angewachsene Paardichte führte zu einer durch dichteabhängige Effekte reduzierten Fortpflanzungsrate. Ausschlaggebend waren aber nicht etwa Revierkämpfe zwischen benachbarten Paaren, sondern der Einfluss von unverpaarten Jungadlern. Diese befliegen während ihrer Lehr- und Wanderjahre große Teile der Alpen und lösen bei ansässigen Brutpaaren territorialen Stress aus. Mittels Verhaltensexperimenten mit zahmen Beizadlern und dem Einsatz von Dummy-Eiern maßen Forscher in den 1990er-Jahren in den Schweizer Alpen die Präsenz von brütenden Steinadlern auf ihren Gelegen und den Bruterfolg. Die Hypothese, wonach junge Steinadler im Verlauf ihrer Wanderjahre die Nachwuchsrate territorialer Paare senken, wurde damals schon bestätigt.

Die Lehr- und Wanderjahre der Jungadler als Gegenstand der Forschung

Die Verteilung der Brutpaare und deren Bruterfolg ist heute aus verschiedenen Teilen der Alpen dank langjähriger Monitoringprogramme gut bekannt. Über die Lebensweise der unverpaarten Jungadler aber bestand bis vor wenigen Jahren eine große Wissenslücke. Diese soll nun mittels neuer Technologien gefüllt werden. Hochauflösende GPS-Sender ermöglichen es heute, die Wege der umherstreifenden Jungadler sehr genau und langfristig aufzuzeichnen. Martin Wikelski und sein Team am Max-Planck-Institut für Verhaltensbiologie in Radolfzell initiierten 2016 ein Projekt, das zum Ziel hatte, junge Steinadler mit GPS-Sendern auszurüsten, um Daten über deren Ausbreitungsökologie zu erheben. Auch die Schweizerische Vogelwarte Sempach war mit im Boot, zusammen mit dem Amt für Jagd und Fischerei Graubünden. Später kamen Partner aus Italien, Österreich und Slowenien dazu. Bis dato wurden im zentralen und östlichen Alpenraum über 80 nestjunge Steinadler besendert. Die Auswertung der so erhobenen Daten ist noch längst nicht abgeschlossen, dennoch gibt es bereits einige erstaunliche Erkenntnisse über die Streifzüge der Jungadler, die sich erst im Alter von 4 bis 5 Jahren verpaaren und versuchen, ein Territorium zu etablieren.

Nach der Besenderung werden die Jungadler wieder in ihren Horst gesetzt, den sie ungefähr einen Monat später verlassen. Die Lebensdauer der auf dem Rücken montierten, solargespeisten GPS-Sender ist theoretisch unbefristet, in der Realität liefern sie meist Peildaten während 1 bis 4 Jahren.

Foto D. Bundi. Sedrun/Graubünden, 13.7.2018.

Flugstunden in der Bettelflugphase

Die Bewegungen der unverpaarten Steinadler lassen sich grob in drei Phasen unterteilen: eine Bettelflugphase, eine frühe und eine späte Ausbreitungsphase. Wenn Jungadler Ende Juli ihren Horst verlassen, hört man sie noch bis zum endgültigen Verlassen des elterlichen Reviers – der sogenannten Emigration – lauthals betteln. Es ist ihre erste Lernphase, Fliegen und ohne Bruchlandung wieder Boden unter die Füße zu bekommen steht auf dem Programm. Die Eltern machen es vor. Um Nahrung brauchen sie sich noch nicht groß zu kümmern, diese wird von den Eltern herangetragen oder sie werden durch Altvögel zu geschlagenen Beutetieren oder Fallwild herangeführt. Die Daten aus der Bettelflugphase zeigen, dass sie sich sehr genau an die Reviergrenzen des elterlichen Territoriums halten – allerdings mit Ausnahmen. Es kommt nämlich bei praktisch allen Jungadlern wiederholt zu teilweise großen Exkursionen, in denen sie sich bis zu 100 km aus dem Heimatrevier herauswagen und manchmal erst nach zwei Wochen wieder nach Hause zurückkehren und weiterbetteln. Während dieser Lernetappen machen sie sich mit dem umliegenden Gelände vertraut und lernen, selbst Nahrung zu finden. Diese besteht noch praktisch ausschließlich aus Tierkadavern, ihr Ernährungsverhalten ist im Geiermodus. Die Exkursionen wiederholen sich, werden länger und meist erst im Verlauf von Februar bis März ihres ersten Winters verlassen sie das Elternrevier definitiv. Ein weiterer erstaunlicher Befund war, dass Jungvögel in der ersten Phase sich offenbar auch dann sehr genau an die Territoriumsgrenzen halten, wenn weder eine topografische Linie noch irgendwelche Geländepunkte erkennbar sind. Bei zwei benachbarten Revieren im Engadin flogen die beiden Jungadler praktisch nie über eine mitten durch das Tal verlaufende, imaginäre Grenze hinaus. Es kam auch nicht zu Revierstreitigkeiten, sodass gefolgert werden kann, dass Jungadler die Grenzen von den Altvögeln kommuniziert bekommen. Wie das geschieht, bleibt vorerst rätselhaft.

Ein harter Überlebenskampf

Die völlige Unabhängigkeit von den Eltern ist für die Jungadler ein gewaltiger Schritt, den nicht alle überleben. Ein im Jahr 2020 bei Davos besenderter Jungvogel verließ

Die Besenderung der 50 Tage alten Steinadler-Nestlinge geschieht außerhalb ihres Horsts. Dabei werden auch Messdaten und Kondition aufgenommen und genetische Proben zur Geschlechtsbestimmung entnommen. Von links nach rechts: Kamran Safi (Max-Planck-Institut für Verhaltensbiologie Radolfzell), David Jenny (Schweizerische Vogelwarte Sempach), Ivan Gredig (Wildhüter Kanton Graubünden), Julia Hatzl (Doktorandin Vogelwarte Sempach).

Foto: C. Signer. Domleschg/Graubünden, 12.7.2018.

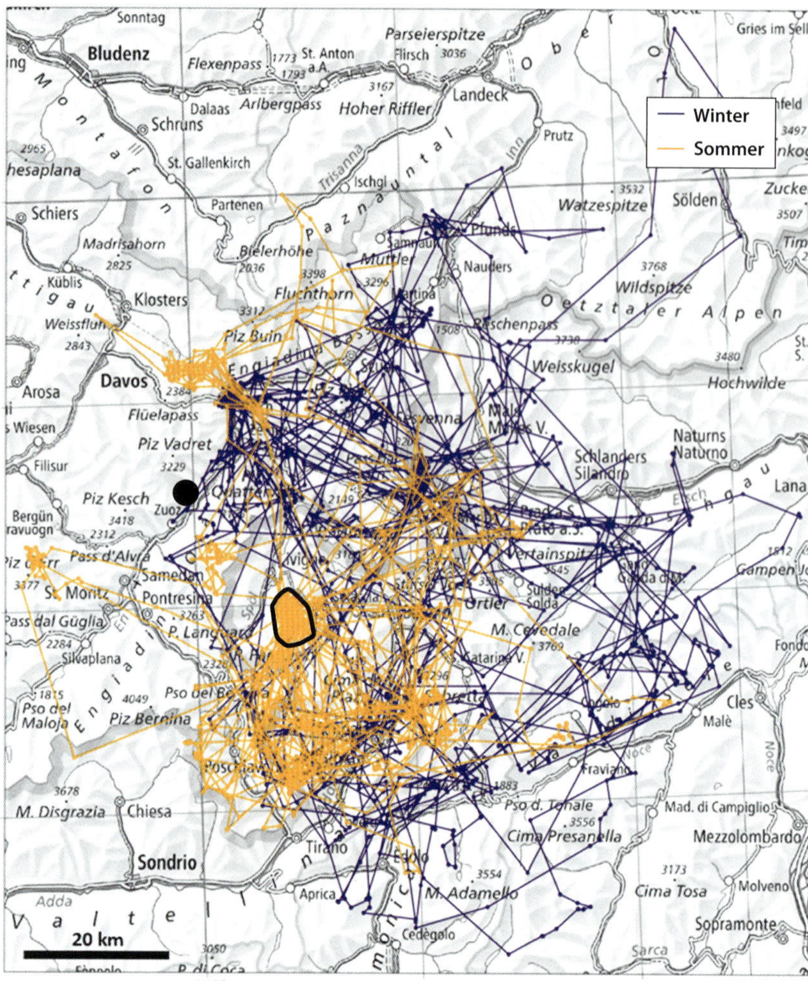

Wanderrouten eines nestjung besenderten Jungadlers während zwei Jahren (April 2018 bis April 2020) nach dessen Emigration aus dem Heimatrevier (Schwarzer Punkt). Die Bewegungen im Sommer (Mai bis Oktober; orange) und im Winter (November bis April; blau) unterscheiden sich: Im Sommer verweilte der Jungadler meist in einem Jugend-Home-Range (schwarzes Polygon), während größere Suchflüge im Winter stattfanden. Daten: www.movebank.org, Basiskarte: Swisstopo). Quelle: Bautista, J. & D. H. Ellis (in prep.): The Golden Eagle Around the World.

sein Heimatrevier zu früh, Anfang September, vermutlich weil bei den Elternvögel ein Partnerwechsel stattfand. Der bedauernswerte Jungvogel verhungerte innerhalb von nur sieben Wochen. Interessant auch, dass einmal emigrierte Jungadler praktisch nicht mehr ins Heimatrevier zurückkehren, dieses sogar zu meiden scheinen. Einmal von zu Hause ausgezogen, verändern sich die Bewegungen der Jungen markant. Deren geierartige Lebensweise bringt sie auf langen Suchflügen nach Tierkadavern weit herum. Im ersten Jahr der Wanderphase befliegen sie weite Teile der Alpen, mit Streifgebieten von bis zu 20 000 km². Die Positionsdaten zeigen, dass sie dabei in der Regel mehr oder weniger zufällig bei gefundenen Fressplätzen einige Tage hängen bleiben, wohl aber auch unter Altersgenossen optisch kommuniziert wird, wo Futter anfällt – auch das ist geiertypisch. Das kontrastreiche dunkle Federkleid der Jungadler mit leuchtend weißen Flecken ist auf Distanzen von zehn Kilometern und mehr gut erkennbar. Jungadler zeigen aber auch nach wenigen Monaten schon ihre Präferenzgebiete, die sie immer wieder aufsuchen. Die Muster, wonach diese Gebiete gewählt werden, sind einerseits individuenspezifisch, andererseits gibt es auch Gebiete, die von verschiedenen Jungadlern immer wieder aufgesucht werden.

Einzeladlergebiete und Jugend-Home-Ranges

Heinrich Haller konnte bereits vor 40 Jahren aufzeigen, dass sich sogenannte Einzeladlergebiete insbesondere im Spätwinter, wenn Winteropfer unter den Huftierarten oft geklumpt auftreten, etablieren. Die Daten der besenderten Jungadler zeigten nun, dass derlei Vorzugsgebiete auch in den Sommermonaten aufgesucht werden. Viele der besenderten Jungadler – aber nicht alle – hielten sich von Mai bis Oktober an solche Jugend-Home-Ranges, in welchen sich meist mehrere Jungadler gleichzeitig tummelten. Warum sie dies tun, ist noch weitgehend unbekannt. Immerhin zeigten die Daten, dass diese etwa 30 km² großen Zonen sich meist weit abgelegen von beste-

Die beiden Nestlinge haben das Besenderungs-Alter von 50 Tagen bereits überschritten. In diesem Alter droht bei einer Annäherung ein frühzeitiges Abstreifen aus dem Horst. Auf eine Besenderung wurde daher bei diesen beiden Jungadlern verzichtet.
Foto: R. Salis. Davos 1.7.2021.

henden Revierpaaren befinden. Das deutet auf eine Ausweichstrategie der Jungadler hin, durch die sie den territorialen Paarvögeln möglichst nicht in die Quere kommen. In einer späteren Ausbreitungsphase befliegen die Jungadler etwas kleinere Räume, meist schrumpft das Streifgebiet um etwa die Hälfte, was zur Folge hat, dass die Präferenzgebiete immer häufiger aufgesucht werden. Grund dafür könnte die steigende Aggressivität der bestehenden Revierpaare sein. Die Untersuchung von durch territoriale Kämpfe umgekommenen Steinadlern zeigte nämlich, dass Jung-adler mit zunehmendem Alter vermehrt Kampfspuren aufweisen. Erst im dritten und vierten Lebensjahr werden sie zu ernsthaften Konkurrenten um Brutplätze und Lebensräume. Zudem verlagern sie ihre Ernährungsweise nach einem langen Lernprozess mehr und mehr Richtung erfolgreiches Beuteschlagen. Als Jäger leben sie dann auch nicht mehr in erster Linie geierartig und es wird für sie immer wichtiger, ein eigenes Territorium zu verteidigen.

Mit fortschreitendem Alter werden Jungadler vermehrt aus den besetzten Territorien vertrieben. Im Bild eine Attacke eines verpaarten Adultvogels gegen einen immaturen Steinadler im 3. Kalenderjahr. Foto: F. Wehrli. Oberengadin, 13.10.2022.

Stress als Schlüsselfaktor

Unsere Datenreihen reichen noch nicht bis in die Phase der Reviergründung. Auch bei mittlerweile vierjährigen, besenderten Jungadlern lassen sich noch keinerlei Tendenzen zur Niederlassung erkennen. Dies, obwohl Studien aus Schottland zutage brachten, dass dort Steinadler bereits im zweiten oder dritten Lebensjahr Territorien gründen. Das zeigt, wie enorm hoch der Konkurrenzdruck in den Alpen heute ist: Jungadler finden kaum oder erst spät Möglichkeiten, sich zu verpaaren und ein Revier zu übernehmen oder neu zu etablieren. Territorialer Stress prägt demnach nicht nur die Lebensweise der verpaarten Brutvögel, sondern wohl in noch stärkerem Maße das Überleben und die Fortpflanzung der Jungadler. Dazu kommen menschbedingte Einflussfaktoren wie Umweltgifte, illegale Abschüsse, Störungen durch Freizeitaktivitäten oder der Bau von Infrastrukturen in den Vorzugsgebieten der Steinadler. Einmal mehr wird durch Forschung ein Mythos entlarvt: nämlich derjenige vom freien Adler, der sich unbeschwert von irdischen Lasten durch die Lüfte schwingt.

David Jenny, Kamran Safi, Julia Hatzl

Literatur zum Thema

Haller H 1994: Der Steinadler *Aquila chrysaetos* als Brutvogel im schweizerischen Alpenvorland: Ausbreitungstendenzen und ihre populationsökologischen Grundlagen. Ornithol. Beob. 91: 237-254.

Haller H 1996: Der Steinadler in Graubünden. Langfristige Untersuchungen zur Populationsökologie von *Aquila chrysaetos* im Zentrum der Alpen. Ornithol. Beob., Beiheft 9.

Jenny D 1992: Bruterfolg und Bestandsregulation einer alpinen Population des Steinadlers *Aquila chrysaetos*. Ornithol. Beob. 89: 1-43.

Whitfield D P, Fielding A H, Anderson D, Benn S, Dennis R, Grant J, Weston E D 2022: Age of Territory Settlement of Golden Eagles *Aquila chrysaetos* in a Variable Competitive Landscape. Front. Ecol. Evol., 03 March 2022. Sec. Conserv. Restor. Ecol. https://doi.org/10.3389/fevo.2022.743598

Zimmermann S 2021: The early life of juvenile Golden Eagle (*Aquila chrysaetos*): Sex and activity drive fledging time and pre-dispersal exploratory behaviour. Master's Thesis. Univ. Freiburg, Schweizerische Vogelwarte Sempach.

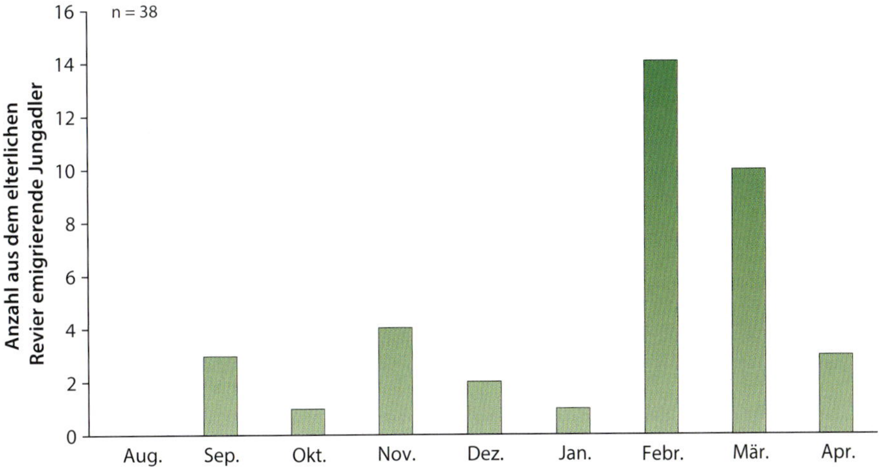

Mithilfe von GPS-Loggern können die Emigrationsdaten der Jungadler aus dem Heimatrevier genau bestimmt werden. Die Mehrzahl der besenderten Steinadler verlassen erst im Februar/März des ersten Winters das elterliche Revier. Quelle: Bautista J, Ellis D H (in Vorb.): The Golden Eagle Around the World.

Dr. David Jenny ist Biologe und arbeitet an der Schweizerischen Vogelwarte Sempach und für die Stiftung Pro Bartgeier, wo er Forschungs- und Monitoringprogramme für Steinadler, Uhus und Bartgeier koordiniert.

Dr. Kamran Safi ist Arbeitsgruppenleiter am Max-Planck-Institut für Verhaltensbiologie und leitet unter anderem das Steinadlerprojekt im Alpenraum.

Julia Hatzl ist Doktorandin an der Schweizerischen Vogelwarte Sempach und ETH Zürich. Sie untersucht das Raumnutzungsverhalten junger Steinadler während der ersten Lebensjahre.

Adulter Bartgeier im Sturzflug – deutlich sind die braunen älteren Federn von den neueren zu unterscheiden.
Foto: H. Weyrich. Schweiz, 17.1.2020

Ein weiterer Schritt zur Wiederansiedlung in den gesamten Alpen:

Das Bartgeierprojekt in Bayern

Während sich global gesehen die meisten Geierarten teils in dramatischem Rückgang befinden, ist das Schicksal des Bartgeiers zumindest in den Alpen eine Erfolgsgeschichte. Durch unermüdlichen, jahrzehntelangen menschlichen Einsatz konnte die Art nach ihrer Ausrottung um die letzte Jahrhundertwende mittlerweile in Teilen ihres ursprünglichen Lebensraums wieder etabliert werden. Die Auswilderungen in Bayern durch Landesbund für Vogelschutz und Nationalpark Berchtesgaden stellen nun den nächsten Schritt zur Etablierung auch in den bisher nur dünn besetzten Ostalpen dar. Langfristig ist eine Wiedervernetzung aller einstigen europäischen Vorkommen von Spanien bis nach Griechenland das Ziel des europäischen Gesamtprojekts.

Obwohl der letzte Bartgeier des Alpenraums 1913 im Aostatal abgeschossen wurde, erfolgte in Bayern der finale jagdliche Nachweis bereits 1879. Dort fiel in Berchtesgaden ein solcher wohl aus den Zentralalpen stammender Vogel der Kugel eines Forstgehilfen zum Opfer. Zu diesem Zeitpunkt ist anzunehmen, dass die Art bereits seit Langem nicht mehr im Freistaat brütete. Der Niedergang aufgrund menschlicher Verfolgung dürfte also schon weit früher eingesetzt haben. Aus dem 17. und 18. Jahrhundert finden sich regelmäßige Abschussberichte vor allem aus dem Allgäu und aus dem Raum Berchtesgaden. Das schmale Band der Bayerischen Alpen, dessen historisches Bartgeiervorkommen sicher immer mit den angrenzenden österreichischen Gebirgsregionen in Tirol und Salzburg überlappt hat, war also über Jahrhunderte von der gezielten Verfolgung des völlig zu Unrecht gefürchteten „Lämmergeiers" geprägt. Da eine Tierart mit naturgemäß geringer Häufigkeit und niedriger Reproduktionsrate der geballten menschlichen Kreativität an Schlagfallen, Vergiftung, Abschuss und Aushorstung nicht lange widerstehen kann, war das Erlöschen des bayrischen Bartgeierbestandes unter damaliger Weichenstellung sicher unausweichlich.

Ein adulter Bartgeier sitzt auf seinem Horst, einem ehemaligen Steinadlernest.

Foto: R. Straub. Hohe Tauern, 9.6.2017.

Entwicklungen in Europa

Während also die Ausrottung des Bartgeiers in den Alpen noch mit historischen Irrtümern und einem damaligen, fundamental falschen Naturverständnis erklärt werden kann, ist das Verschwinden der Art in weiten Teilen ihres europäischen Verbreitungsgebiets etwa auf dem Balkan, in Griechenland und weiten Teilen Spaniens noch im späten 20. Jahrhundert umso erschütternder. Übrig geblieben sind teils wortwörtlich verinselte Vorkommen auf Korsika, Kreta und den Pyrenäen. Mangels Austauschs mit benachbarten Populationen blicken diese aufgrund geringer Individuenzahl oder genetischer Isolation und Inzucht ebenso dem Aussterben entgegen. Lediglich in den spanischen Pyrenäen hat sich das Blatt offensichtlich zum Positiven gewendet. Um diese absehbare Entwicklung nicht fatalistisch hinzunehmen, wurde in den 1980er-Jahren mit einem zuerst in den Alpen initiierten, mittlerweile unter Federführung der Vulture Conservation Foundation (VCF) europaweit aktiven Wiederansiedlungsprojekt für Bartgeier begonnen. Langfristiges Ziel ist eine sich selbst erhaltende, stabile Bartgeierpopulation in den Alpen, die stark genug ist, auch neue Gebiete Richtung Balkan wieder zu besiedeln. Dort soll ab 2025 in Bulgarien der nächste Trittstein durch Auswilderungen entstehen. Ein weiteres, sicher Jahrzehnte in der Zukunft liegendes Ziel muss eine zumindest genetisch lückenlose Verbreitung von Marokko über Andalusien, die Pyrenäen, die Alpen, den Balkan und die Türkei in den Nahen Osten und weiter in den Himalaja sein.

Bartgeier, hier ein Jungvogel, sind in der Lage mühelos ganze Knochen zu schlucken.

Foto: H. Weyrich. Spanien, 2.11.2017.

Um die in den Westalpen bereits sehr erfolgreiche Wiederansiedlung des Bartgeiers auch in den noch sehr dünn besiedelten Ostalpen zu forcieren, erfolgten 2018 erste

Gespräche zwischen dem Landesbund für Vogelschutz in Bayern e.V. (LBV) und der Leitung des Nationalparks Berchtesgaden. Nach beiderseitig positiver Einschätzung entsprechender Voraussetzungen wurde vom LBV eine Machbarkeitsstudie beauftragt, in der die Möglichkeiten zur Stützung von Bartgeier und Gänsegeier in den Ostalpen durch Maßnahmen in den Bayerischen Alpen überprüft wurden. Dazu wurden neben der historischen Verbreitung beider Vogelarten auch die Gründe der Ausrottung sowie aktuelle Gefährdungsursachen und das Nahrungspotenzial vor allem im bayrischen Alpenraum analysiert. Außerdem sollten geeignete Standorte für eine mögliche Wiederansiedlung des Bartgeiers herausgearbeitet werden. Dabei konnte der Nationalpark Berchtesgaden als am besten geeignetes Projektgebiet identifiziert werden, unter anderem aufgrund der vorhandenen Schutzgebietskulisse, der langjährigen Verwendung bleifreier Munition bei der Schalenwildregulierung und einer reichen Nahrungsverfügbarkeit vor allem durch große Gamsbestände. Auch kommt hier der Steinbock vor, der offensichtlich für den Bartgeier eine wichtige Nahrungsquelle darstellt. In einer Kooperationsvereinbarung beschlossen LBV und Nationalparkverwaltung daher, detaillierte Planungen und eine gemeinsame Durchführung des Wiederansiedlungsprojekts voranzutreiben, was nach der Bewilligung eines Förderantrags durch das Bayerische Umweltministerium zur weitgehenden Finanzierung der ersten Projektjahre konkrete Züge annahm. Nach Beginn der Auswilderungen im Jahr 2021 sollen nun innerhalb der nächsten circa zehn Jahre jährlich zwei bis drei Jungvögel in Bayern freigelassen werden. Etwa 140 Jahre nach seiner Ausrottung soll dem größten Greifvogel Mitteleuropas so auch die leichtere Rückkehr nach Deutschland ermöglicht werden.

Ausgewilderte „Bavaria“ nach ihrem Erstflug. Foto: R. Straub, Nationalpark Berchtesgaden, 8.7.2021.

Das Vorgehen in Bayern

In den Jahren 2021 und 2022 wurden hierfür vom europäischen Bartgeier-Zuchtnetzwerk (EEP/Erhaltungszuchtprogramm des Europäischen Zooverbands) jeweils zwei weibliche Jungvögel aus der Zuchtstation Guadalentín in Andalusien zur Verfügung gestellt und mit Zwischenstation im Tiergarten Nürnberg nach Berchtesgaden transportiert. Die auf „Wally“ und „Bavaria“ (2021) sowie „Recka“ und „Dagmar“ (2022) getauften Vögel wurden jeweils im Alter von etwa 90 Tagen ausgewildert, wie es in der seit den 1980er-Jahren bewährten „Hackingmethode“ üblich ist. Die noch flugunfähigen Vögel verbrachten die ersten Wochen in einer Felsnische im Klausbachtal im Nationalpark. Rund um die Uhr beobachtet und circa alle vier Tage ohne direkten Kontakt von den Betreuern mit Futter versorgt, entwickelten sich die Junggeier dort bis zu ihrem Erstflug im Alter von vier Monaten. Bis in den Herbst hinein wurden die Jungvögel jedes Jahr noch im unmittelbaren Umfeld der Auswilderungsnische mit Futter versorgt, bis sie gelernt hatten, sich selbst zu versorgen. Im Regelfall dauert es nach dem Erstflug nur wenige Wochen, bis die jungen Bartgeier selbstständig das weitere Freilassungsgebiet erkunden und schließlich keine menschliche Hilfe mehr benötigen. Zur weiterhin möglichst durchgehenden Kontrolle sind die Tiere beringt und tragen 80 g leichte GPS-Sender, die je nach Einstellung mehrfach täglich aktuelle Positionen liefern. Mittels einzelner gebleichter Schwungfedern kann man die Geier im Flug bis zum Abschluss der ersten Mauser im Alter von zwei bis drei Jahren zudem gut unterscheiden.

Adulter Bartgeier auf Schneefeld. Foto: H. Weyrich. Schweiz, 6.2.2014.

„Bavaria“ ist zwischen den Latschen in der Nähe der Auswilderungsnische gelandet.

Foto: R. Straub. Nationalpark Berchtesgaden, 11.7.2022.

Durch das ausgeprägte Explorationsverhalten sind ein Abwandern der Jungvögel und ein großräumiges Herumstreifen im gesamten Alpenraum, vor allem im östlichen Anteil, zu erwarten. Allerdings ist es nicht allzu unwahrscheinlich, dass einige der in Berchtesgaden ausgewilderten Vögel nach Erreichen der Geschlechtsreife in der Großregion Reviere gründen und sich reproduzieren werden. Dies wären die ersten Wildbruten von Bartgeiern in den Bayerischen Alpen nach deren Ausrottung. Die Fläche des Nationalparks mit seinen 210 km² und die Revieransprüche von Bartgeiern (über 300 km²) lassen zwar kaum mehr als eine Teilnutzung durch ein Paar im Schutzgebiet zu. Jedoch gibt es auch in der unmittelbaren Umgebung des Nationalparks geeignete Lebensräume, die für Reviergründungen zur Verfügung stehen. Aufgrund der Erfahrung in früheren Auswilderungsregionen ist die Bildung einer lockeren Ansammlung von Territorien zu erwarten, bei denen Reviere in den Berchtesgadener, den Salzburger, den Chiemgauer und den östlichen Tiroler Alpen realistisch erscheinen.

Obwohl für junge Bartgeier Überlebensraten von fast 90 % pro Jahr angenommen werden, sind auch gelegentliche Todesfälle zu erwarten. Einen ersten Verlust musste das Projekt bereits leider bei „Wally“ verzeichnen, die im April 2022 im Wettersteingebirge durch Steinschlag getötet wurde und durch ihren GPS-Sender geortet und geborgen werden konnte. Die zeitgleich mit ihr ausgewilderte „Bavaria“ erkundet nach weiten Streifzügen durch die österreichischen und Bayerischen Alpen zur Drucklegung das Hagen- und Tennengebirge. „Recka“ streift im Herbst 2022 zwischen Wildem Kaiser und Salzkammergut durch die Nordalpen und ist zwischendurch im Nationalpark Berchtesgaden anzutreffen, während „Dagmar“ weite Erkundungsflüge durch den Nationalpark Hohe Tauern bis nach Südtirol unternimmt. Trotz des unerwartet frühen Todes eines der Projektvögel ist der bisherige Verlauf der bayrischen Wiederansiedlung als durchaus erfolgreich zu betrachten, da das entstandene immense öffentliche Interesse am Bartgeier unter anderem zu einem Verbot von Bleimunition im bayrischen Staatswald geführt hat. Eine Entscheidung, die neben den menschlichen Konsumenten von Wildbret auch allen aasfressenden Greifvögeln zugutekommt.

Toni Wegscheider

Der Biologe Toni Wegscheider ist Vorsitzender der LBV-Kreisgruppe Berchtesgadener Land, beschäftigt sich seit 20 Jahren mit dem Bartgeier in den Alpen und leitet die Wiederansiedlung der Art in Bayern.

Männliche Ringdrossel auf Singwarte. Die ausgeprägte Schuppung des Brutgefieders ist für Alpenringdrosseln charakteristisch.
Foto: H.-J. Fünfstück. Garmisch-Partenkirchen, 11.5.2012.

Kann Beweidung die Folgen des Klimawandels abmildern?

Die Ringdrossel

Die Ringdrossel ist eine charakteristische Bergvogelart, die aus den lichten Bergwäldern des Alpenraums und den Hochlagen der Mittelgebirge kaum wegzudenken ist. In den letzten Jahrzehnten sind allerdings deutlich negative Bestandstrends festzustellen. Während die Ringdrossel in den Mittelgebirgen teilweise kurz vor dem lokalen Aussterben steht, sind in den Alpen besonders die tieferen Lagen von Bestandsrückgängen betroffen. Als Hauptgrund wird der Klimawandel mit verschiedenen Begleiterscheinungen gesehen. Schneemangel und frühere Schneeschmelze führen zu geringerer Nahrungsverfügbarkeit während der Brutzeit. Was kann getan werden, um den verschlechterten Lebensbedingungen entgegenzuwirken?

Die Ringdrossel ist eine etwa amselgroße, dunkle Drossel, die aufgrund ihres weißen Brustbandes auch unter dem Namen Ringamsel bekannt ist. Das Verbreitungsgebiet der Ringdrossel umfasst Nordeuropa sowie die Gebirge der Westpaläarktis. In Mitteleuropa kommt die Art insbesondere in den Alpen und den angrenzenden Gebirgen und Mittelgebirgen vor. Der Bestand in der Schweiz wird auf 50000 bis 75000 Paare geschätzt, der in Österreich auf 60000 bis 80000 Paare. In Deutschland liegt der Bestand bei 2600 bis 5000 Paaren, wovon 2000 bis 4000 Paare auf Bayern entfallen. Bei der hier vorkommenden Unterart handelt es sich um die Alpenringdrossel *Turdus torquatus alpestris*. Sie ist eine charakteristische Bergvogelart der Baumgrenze und lichten Bergwälder in Lagen zwischen 1000 und 2000 m ü. M. Mit Beginn der Schneeschmelze ab März treffen die Brutvögel in den Brutgebieten ein und besetzen ihre Reviere. Bei Wintereinbrüchen mit Schneelage weichen die Vögel kurzfristig in Tallagen aus. Die Brutzeit beginnt ab Mitte April und dauert bis Mitte Juli. Während der Brutzeit ernähren die Ringdrosseln sich und ihre Jungen nahezu ausschließlich mit tierischer Nahrung, wobei Regenwürmer den größten Anteil darstellen. Außerhalb der Brutzeit stehen auch Beeren, wie z.B. Heidelbeere, Preiselbeere, Wacholder oder Eberesche, auf ihrem Speiseplan. Ab September ziehen die Ringdrosseln in ihre Überwinterungsgebiete, die in den höheren Gebirgen Nordafrikas und Spaniens liegen. Für besenderte Brutvögel aus der Schweiz konnte gezeigt werden, dass ein Teil der Vögel in Spanien überwinterte, während andere Vögel bis nach Nordafrika zogen.

Neben der Alpenringdrossel können auf dem Durchzug im Frühjahr und Herbst in Mitteleuropa auch Ringdrosseln der nordischen Unterart *Turdus torquatus torquatus* festgestellt werden. Sie rasten mitunter in denselben Gebieten, in denen Alpenringdrosseln vorkommen, sind bei guten Beobachtungsbedingungen von diesen aber durch die weniger stark ausgeprägte Schuppung des Brustgefieders in der Regel gut zu unterscheiden.

Deutliche Bestandsrückgänge in den letzten Jahrzehnten

Als typische Bergvogelart gilt die Alpenringdrossel als besonders durch den Klimawandel bedrohte Art. Bereits in den letzten Jahrzehnten konnten in Mitteleuropa starke

Männliche Ringdrossel bei der Nahrungssuche auf der Seceda in Südtirol. Foto: M. Förschler. 22.6.2017.

Bestandseinbrüche verzeichnet werden. In den Alpen beschränken sich die Rückgänge eher auf die untere Höhenverbreitung. An den Arealrändern und in den Mittelgebirgen wie beispielsweise dem Schwarzwald sind die Bestandsrückgänge besonders stark ausgeprägt. Im Nordschwarzwald ging beispielsweise der Bestand in den letzten 30 Jahren um 70 % von etwa 125 Revieren auf etwa 40 Reviere zurück. In Bayern ist die Art noch nicht auf der Roten Liste, obwohl der aktuelle Bestand auf deutlich weniger Brutpaare geschätzt wird als noch vor wenigen Jahrzehnten. Systematische Erhebungen wären hier erforderlich, um den tatsächlichen Bestandstrend zu ermitteln. Für die beobachteten Bestandsrückgänge werden insbesondere der Klimawandel, aber auch der Landnutzungswandel durch veränderte Bewirtschaftung der Lebensräume verantwortlich gemacht. Zudem wird auch ein möglicher Verdrän-

Typisches Bruthabitat mit Latschenkiefern und Fichtengruppen an der Baumgrenze im Wettersteingebirge in Tirol.
Foto: M. Handschuh. Gaistal (Tirol), 6.7.2022.

Typisches Bruthabitat mit halboffenem Fichtenwald und kurzrasiger Vegetation im Wettersteingebirge in Tirol.

Foto: M. Handschuh. Gaistal (Tirol), 5.7.2022.

gungseffekt durch die im Gebirge immer höher vordringende Amsel diskutiert.

Entscheidend: die Nahrungsverfügbarkeit

Ringdrosseln benötigen zur Nahrungssuche feuchte, kurzrasige Flächen, da sie am Boden nach Nahrung suchen und die Hauptnahrung während der Brutzeit aus Regenwürmern besteht. Abtauende Schneefelder stellen deshalb häufig bevorzugte Nahrungsflächen dar. Die Vegetation ist dann an den Schneefeldrändern noch nicht ausgebildet und durch das Schmelzwasser sind die Bereiche um die Schneefelder feucht, die Regenwürmer in der oberen Bodenschicht aktiv und damit gut erreichbar. Durch wärmere Winter mit geringerer Schneedecke infolge des Klimawandels tauen die Schneefelder vor allem in den unteren und mittleren Lagen der Ringdrossel-Verbreitung immer zeitiger im Jahr ab. Zudem fehlen der Ringdrossel durch die früher und dichter aufkommende Vegetation und zunehmende Trockenheit der Flächen aufgrund des fehlenden Schmelzwassers großflächig geeignete Nahrungsflächen. Die Art kann damit als ein deutlicher Verlierer des Klimawandels bezeichnet werden.

Beweidung als Schlüsselfaktor?

Mithilfe von geeigneter, möglichst großflächiger Beweidung kann der Mangel an geeigneten Nahrungsflächen während der Brutzeit zumindest teilweise abgefedert werden. Besonders geeignet sind dafür robuste Rinderrassen. Durch den Weidedruck auf potenziellen Nahrungsflächen ab Beginn der Vegetationsperiode sind während der gesamten Brutzeit kurzrasige Flächen und Störstellen vorhanden, auf denen Ringdrosseln im Vergleich zu unbeweideten Flächen deutlich einfacher an ihre Nahrung gelangen können. Zudem erhöht sich die Nahrungsverfügbarkeit durch den Dung der Weidetiere. In Mitteleuropa sind mehr als 500 Insektenarten mit Dung assoziiert und die Larven von vielen Arten, wie beispielsweise von Dungkäfern, entwickeln sich in Dung-

Futtertragendes Ringdrossel-Männchen im Nordschwarzwald. Dunghaufen werden bei der Suche nach Regenwürmern gezielt aufgesucht und zerpflückt.

Foto: F. Anger. Zollstock-Heide (Baden-Württemberg), 22.6.2021.

Nordische Ringdrosseln *Turdus torquatus tarquatus* unterscheiden sich von den Alpenringdrosseln *T. t. alpestris* durch die kaum ausgeprägte Schuppung des Brustgefieders. Sie rasten auf dem Zug in die Winterquartiere regelmäßig auch in den Lebensräumen der Alpenringdrossel. Foto: A. Hofmann. NP Fulufjället (Schweden), 22.6.2014.

Literatur zum Thema

Anger F, Dorka U, Anthes N, Dreiser C, Förschler M I 2020: Bestandsrückgang und Habitatnutzung bei der Alpenringdrossel *Turdus torquatus alpestris* im Nordschwarzwald (Baden-Württemberg). Ornithol. Beob. 117: 38-53.

Barras A G, Marti S, Ettlin S, Vignali S, Resano-Mayor J, Braunisch V, Arlettaz R 2019: The importance of seasonal environmental factors in the foraging habitat selection of Alpine Ring Ouzels *Turdus torquatus alpestris*. Ibis 4: 2610.

Barras A G, Liechti F, Arlettaz R 2021: Seasonal and daily movement patterns of an alpine passerine suggest high flexibility in relation to environmental conditions. J. Avian Biol. 52: 801.

Fumy F, Fartmann T 2021: Climate and land use change drive habitat loss in a mountain bird species. Ibis. doi.org/10.1111/ibi.12954

Fumy F, Fartmann T 2021: Klima- und Landnutzungswandel als Gefährdungsursache: Die Ringdrossel im Schwarzwald. Falke 68 (8): 28-31.

Willis S G 2020: *Turdus torquatus* Ring Ouzel. In: Keller V, Herrando S, Vorísek P et al. 2020: European Breeding Bird Atlas 2: Distribution, Abundance and Change. European Bird Census Council & Lynx Edition, Barcelona. 720-721.

haufen. Darunter befinden sich außerdem viermal mehr Regenwürmer, da diese den Dung von unten her abbauen. Im Nordschwarzwald konnten wir mithilfe von Wildkameras nachweisen, dass Ringdrosseln gezielt Dunghaufen aufsuchen und mit ihrem Schnabel auseinanderpflückten, um an Insektenlarven und Regenwürmer zu gelangen. Durch die Verbesserung der Nahrungserreichbarkeit und des Nahrungsangebots kann Beweidung durch die Erhöhung des Bruterfolgs daher erheblich zum Schutz der Ringdrossel beitragen. In den Alpen wird dieser Effekt durch die großflächige, traditionelle Almwirtschaft in strukturreichen und lichten Waldbeständen sowie an der Baumgrenze erzielt.

Fazit

Die Ringdrossel leidet als typische Bergvogelart durch Schneemangel und frühere Schneeschmelze stark unter den Folgen des Klimawandels. Dies wird durch die beobachteten Bestandsrückgänge während der letzten Jahrzehnte deutlich. Eine Trendumkehr ist aktuell nicht zu abzusehen, besonders an den Arealrändern und in tieferen Lagen muss mit einem allmählichen Verschwinden der Art gerechnet werden. Um die negativen Folgen des Klimawandels auf die Ringdrossel jedoch abzufedern und die Art langfristig zu erhalten, scheint eine auf die Bedürfnisse der Ringdrossel angepasste Beweidung die einzige Möglichkeit zu sein, da dadurch sowohl die Nahrungserreichbarkeit als auch das Nahrungsangebot verbessert werden können.

Fabian Anger, Marc I. Förschler

Zur Nahrungssuche optimal geeignete Konik-Weide mit kurzrasiger Vegetation im Nordschwarzwald. Foto: F. Anger. Zollstock-Heide (Baden-Württemberg), 30.6.2021.

Fabian Anger ist Biologe und beschäftigt sich seit mehreren Jahren intensiv mit der Vogelwelt der Hochlagen des Nordschwarzwaldes. Im Rahmen seiner Bachelorarbeit hat er die Ringdrossel im Nordschwarzwald untersucht.

Dr. Marc I. Förschler ist ebenfalls Biologe und seit Gründung des Nationalparks Schwarzwald als Leiter des Fachbereichs für Ökologisches Monitoring, Forschung und Artenschutz beschäftigt. Er sammelt seit über 25 Jahren Daten zur Entwicklung der Vogelwelt des Nordschwarzwaldes mit dem Schwerpunkt auf den charakteristischen Bergvögeln.

Im Flug fällt beim Schneesperling in allen Kleidern das charakteristische schwarzweiße Flügelmuster auf.

Foto: A.-C. Gutzwiller. Melchsee-Frutt, Schweiz, 19.3.2021.

Ein Gebirgsspezialist, den es nur selten ins Tal verschlägt:

Der Schneesperling

Mit etwas Glück lassen sich auf einer Wanderung im Kantabrischen Gebirge, den Pyrenäen, den Alpen, dem Apennin, auf Korsika oder in den Gebirgen des Balkans Schneesperlinge beobachten. Genauer genommen handelt es sich in so einem Fall um die europäische Unterart *Montifringilla nivalis nivalis*, die einzige Vertreterin der Gruppe der Schneesperlinge in diesen Gebieten.

Hier macht der Schneesperling seinem Namen alle Ehre.

Foto: A.-C. Gutzwiller. Melchsee-Frutt, Schweiz, 20.2.2021.

Dieser Umstand und das charakteristische Aussehen ermöglichen bei uns eine relativ einfache Bestimmung. Dafür reicht oftmals schon das kontrastreiche Flugbild aus. Die schwarzen Handschwingen und inneren Steuerfedern kontrastieren deutlich zu den weißen Armschwingen und äußeren Steuerfedern. Männchen und Weibchen sehen sich ähnlich und sind selten eindeutig zu unterscheiden. Während der gelbe Schnabel im Jugendkleid charakteristisch ist, ändert sich die Schnabelfarbe bei adulten Individuen im Jahresverlauf kontinuierlich zwischen zwei Extremen: gelb im Winter und schwarz während der Brutzeit. Die einzige naheliegende Verwechslungsgefahr besteht mit einem seltenen Wintergast in Mitteleuropa, der Schneeammer. Der am Rücken braun und am Kopf grau gefärbte Schneesperling scheint aber etwas kräftiger. Im Vergleich zu seinem städtischen Verwandten, dem Haussperling, ist der Bergspezialist schwerer (Gewicht: 35 bis 49 g) und mit längeren, spitzer zulaufenden Flügeln (Spannweite: 34 bis 38 cm) ausgestattet.

Für die Ausprägung dieser Merkmale liefert uns die besondere Ökologie des Schneesperlings (es ist nun immer von der europäischen Unterart die Rede) gute Erklärungsmöglichkeiten. Es handelt sich um Anpassungen an ein Leben im hochalpinen Raum, der sich durch extreme Wetterbedingungen mit starken Winden, niedrigen Temperaturen und einem zeitlich variablen und geklumpten Nahrungsangebot auszeichnet. Das größere Verhältnis des Körpervolumens zur Körperoberfläche wird in der Biologie als eine Anpassung an kalte Lebensräume angesehen (Bergmannsche Regel). Im Vergleich zum Haussperling reduziert der größere Schneesperling so den Wärmeverlust und kann ökologische Nischen mit tieferen Temperaturen besetzen. Die längeren und spitzer zulaufenden Flügel ähneln zwar jenen von Langstreckenziehern, die sich durch aktiven Flügelschlag vorwärtsbewegen, aber auch für das Leben im Hochgebirge sind sie von Vorteil. Die aerodynamische Form ermöglicht es, starken Winden zu trotzen. Darüber hinaus eignet sich die Flügelform hervorragend, um energiesparend größere Distanzen zwischen Nahrungs- und Schlafplätzen zu überwinden.

Variable Nahrungsverfügbarkeit

Evolutionäre Anpassungen spiegeln sich auch im Verhalten wider. In den folgenden Abschnitten möchten wir weitere Besonderheiten des Schneesperlings hervorheben. Dabei werden wir uns auf Beobachtungen und Untersuchungen beziehen, die wir im Rahmen des Schneesperlingsprojektes der Schweizerischen Vogelwarte in den Schweizer Alpen gemacht haben. Herausragend sind die Anpassungen des Schneesperlings an die extremen Winterbedingungen im Gebirge. Während praktisch alle Kleinvögel des alpinen Raums ihr Sommerquartier räumen, um in anderen Regionen zu überwintern, bleibt der Bergspezialist auch im Winter oberhalb der Baumgrenze. Die Suche nach geeignetem Futter, den Sämereien von alpinen Wiesen, wird dann durch die teilweise meterhohen Schneemassen beträchtlich erschwert. Trotzdem müssen die Energiereserven für die aufwendige Futtersuche und die kalten Nächte täglich aufgefüllt werden. Es ist also überlebenswichtig, Orte mit freiliegenden Alpenwiesen zu kennen. Dabei kann es sich um Geländekuppen handeln, bei denen der Wind regelmäßig die unter dem Schnee verborgenen Alpwiesen freilegt, oder Hänge, bei denen Lawinen die gesamte Schneedecke mitreißen. Durch diese Abhängigkeit von Wind und Wetter gestaltet sich die Futterverfügbarkeit äußerst dynamisch. Wo heute noch ein Meter Schnee liegt, wartet morgen vielleicht ein reichlich gedecktes Pflanzensamenbuffet. Der Schneesperling versteht es, diese Orte zu finden. Zusätzlich hat er in den Alpen noch eine weitere Eigenschaft kultiviert, für die insbesondere sein städtischer Verwandter bekannt ist, und zwar die Zutraulichkeit zum Menschen. Bei längeren Schlechtwetterperioden mit ergiebigem Schneefall sind Schneesperlinge auch um Restaurants in Skigebieten oder in Bergdörfern anzutreffen. Dort suchen sie nach Resten oder bedienen sich an bereitgestelltem Vogelfutter. Diese Ausflüge zu menschengemachten Futterquellen ermöglichen es dem Bergvogel, die zeitlich hoch variable Verfügbarkeit von natürlicher Nahrung auszugleichen.

Wer rastet, der rostet

Im Winter schließen sich Schneesperlinge zu kleineren, aber auch größeren Schwärmen von bis zu 300 Individuen zusammen und ziehen scheinbar rastlos umher. Dabei suchen sie regelmäßig bekannte

Dieser junge Schneesperling hat erst vor kurzer Zeit das Nest verlassen.

Foto: A.-C. Gutzwiller. St. Moritz, Schweiz, 22.06.2022.

Schneesperlinge sind wendige Flieger und zeigen speziell im Winter ein rastloses Verhalten.

Foto: S. Dirren. Tiefenbach, Schweiz, 13.2.2019.

Orte auf und prüfen die Verfügbarkeit von Nahrung. Falls Futter vorhanden ist, wird für kurze Zeit gefressen, um bald wieder aufzubrechen und andere Futterquellen anzufliegen. Dieses Verhalten könnte man als Risikominimierung bezeichnen. Versiegt ein Teil der Futterquellen, weiß der Schneesperling auf alternative Orte auszuweichen. Abgesehen von den regelmäßigen Flügen zwischen verschiedenen Futterstellen konnten wir im Winter auch ein charakteristisches Muster von vertikalen Bewegungen beobachten. Daten von vier mit Höhenmessern ausgestatteten Schneesperlingen zeigten, dass die Vögel die Nächte auf ca. 3000 m ü. M. verbrachten und am Morgen jeweils talwärts flogen. In den tiefer gelegenen Gebieten gingen sie auf Futtersuche, um dann vor dem Sonnenuntergang wieder zu den Schlafplätzen aufzusteigen. Während es tagsüber gilt, die Nahrungszufuhr zu decken, müssen die alpinen Nächte mit so wenig Energieverlust wie möglich überstanden werden. Dabei gilt es, den Wärmeverlust zu reduzieren, um weniger Energie für die Aufrechterhaltung der Körpertemperatur einzusetzen. Das Aufsuchen von windgeschützten und wärmeisolierten Schlafplätzen ist damit eine weitere Überlebensstrategie. Die Schneesperlinge haben gelernt, in dieser Hinsicht besonders geeignete Spalten und Höhlen in oft hohen Fels-

Ein frisch flügger Schneesperling wird von einem Altvogel gefüttert.

Foto: A.-C. Gutzwiller. St. Moritz, Schweiz, 22.6.2022.

wänden zu nutzen. Die täglichen vertikalen Bewegungen deuten darauf hin, dass das günstige Mikroklima der Schlafplätze mit einer Energieersparnis einhergeht, die den Aufwand, zu diesen höher gelegenen Standorten zu gelangen, übertrifft.

Wenn möglich eine Zweitbrut

Nach dem langen alpinen Winter wird den Altvögeln keine Verschnaufpause gegönnt. Im Frühling heißt es zeitig mit dem Brutgeschäft zu beginnen. Im April/Mai werden geeignete Neststandorte besetzt, dabei ist der Schneesperling sehr einfallsreich. Einerseits wählt er ähnliche Standorte wie die Winterschlafplätze, also Spalten und Höhlen in Felswänden, andererseits werden aber auch Nischen in Gebäuden und anderen künstlichen Strukturen wie z. B. Skiliftmasten genutzt. Viele Einblicke ins Brutverhalten des Schneesperlings verdanken wir dem Umstand, dass auch bereitgestellte Nistkästen besetzt werden. Geeignete Nistplätze befinden sich typischerweise zwischen 1800 und 3000 m ü. M. in der Nähe von alpinen Wiesen, wobei die Schneebedeckung eine wichtige Rolle spielt. Die erste Nestlingsnahrung sind Schnakenlarven, die von den Altvögeln an Schneefeldrändern gesammelt werden. Im optimalen Fall wird der Nistplatz so gewählt, dass sich während der Nestlingszeit viele Schneefelder in unmittelbarer Nähe befinden. Ist ein geeigneter Standort gefunden, wird ein Nest zunächst mit trockenen Grashalmen gebaut und dann mit Schneehuhnfedern ausgekleidet. Anschließend erfolgt die Eiablage von 3 bis 5 Eiern, welche ca. 13 Tage bebrütet werden. Nach dem Schlüpfen der Jungen wird 20 bis 21 Tage lang gefüttert, bis der Nachwuchs flügge ist. Es ist nun Ende Juni, jetzt heißt es sich entscheiden, ob eine Zweitbrut gemacht werden soll. Dies ist abhängig von den Umweltbedingungen, z. B. von der Verfügbarkeit von Insektennahrung. Typischerweise sind die Umweltbedingungen im Hochgebirge von Jahr zu Jahr sehr variabel. Sollten es die Bedingungen aber zulassen, wird eine Zweitbrut gemacht. In der Schweiz, die schätzungsweise 15 % der gesamten Unterart beherbergt, liegt die Zahl der Brutpaare zwischen 6000 und 9000 (Schweizer Brutvogelatlas). Infolge der variierenden Umweltbedingungen, die einen direkten Einfluss auf den Bruterfolg haben, kommt es zu ausgeprägten Bestandsschwankungen. Wir vermuten deshalb, dass Zweitbruten in günstigen Jahren zur Stabilisierung der Populationen sehr wichtig sind.

Im Winter kann ein Schwarm von Schneesperlingen bis zu 300 Individuen zählen.

Foto: I. Zwahlen. St. Moritz, Schweiz, 7.12.2020.

Verletzliche Ikone der Berge

Obwohl unsere aktuelle Forschung das Gesamtbild des Schneesperlings zusehends facettenreicher werden lässt, gibt es noch viele offene Fragen. Nicht zuletzt möchten wir wissen, wie sich die im Hochgebirge sehr ausgeprägte Klimaveränderung auf die Schneesperlingspopulationen auswirken wird. Neueste Untersuchungen haben gezeigt, dass Schneesperlinge ihr Brutgeschäft in tieferen Lagen zeitlich nicht an die frühere Schneeschmelze anpassen konnten, was für die über die letzten 30 Jahre beobachtete Bestandsabnahme verantwortlich sein könnte. Dies stellt eine besorgniserregende Entwicklung dar. Die umweltbedingten Voraussetzungen und die Ansprüche dieser alpinen Art besser zu verstehen, ist unerlässlich, um ggf. Schutzmaßnahmen zu ergreifen. Aus diesem Grund haben wir zusammen mit anderen Forschenden aus ganz Europa die European Snowfinch Group (https://snowfinch.eu/) gegründet. Unsere gemeinsame Forschung soll dazu beitragen, dass wir den Schneesperling, eine Ikone des Hochgebirges, auch in Zukunft noch auf Wanderungen beobachten können.

Sebastian Dirren, Christian Schano

Literatur zum Thema:

Knaus P, Antoniazza S, Wechsler S et al 2018: Schweizer Brutvogelatlas 2013–2016. Verbreitung und Bestandsentwicklung der Vögel in der Schweiz und im Fürstentum Liechtenstein.

Niffenegger C A 2021: Nest site selection of the White-winged Snowfinch *Montifringilla nivalis* in the Swiss Alps. Master Thesis, University of Bern.

Schano C, Niffenegger C A, Jonas T, Korner-Nievergelt F 2021: Hatching phenology is lagging behind an advancing snowmelt pattern in a high-alpine bird. Scientific Reports 11: 1-11. https://doi.org/10.1038/s41598-021-01497-8

Christian Schano (links) ist leidenschaftlicher Ornithologe aus Wien und derzeit Doktorand der Universität Zürich sowie der Schweizerischen Vogelwarte Sempach. Er schreibt seine Dissertation über die Brutbiologie und Populationsdynamik des Schneesperlings.

Sebastian Dirren (rechts) hat an der Universität Zürich Biologie studiert. Seit 2019 arbeitet er an der Schweizerischen Vogelwarte im Schneesperlingsprojekt. Nicht nur für die Feldarbeit ist er oft in den Bergen unterwegs, auch in seiner Freizeit geht er gerne Klettern und Bergsteigen.

Zu Beginn der Brutzeit ist die namensgebende, zitronengelbe Unterseite beim Zitronenzeisig besonders kräftig.
Foto: H.-J. Fünfstück. Esterbergalm, 26.4.2019.

Ein Alpenvogel am Abgrund?

Der Zitronenzeisig

Der Zitronenzeisig (*Carduelis citrinella*) ist eine der wenigen endemischen Vogelarten Europas. Das Weltareal der Art ist auf höhere Gebirgsregionen in Südwest- und Mitteleuropa beschränkt. Die kleine Bergvogelart ist vor allem durch Nutzungsänderungen in ihren Brutgebieten sowie durch den Klimawandel bedroht. Großräumige, gezielte Schutzmaßnahmen sind für den Zitronenzeisig daher dringlicher denn je.

Die Hauptvorkommen des Zitronenzeisigs liegen in spanischen Gebirgen. Die nördlichsten Brutgebiete befinden sich im Schwarzwald und in den Vogesen. Den Alpenbogen besiedelt der Zitronenzeisig vor allem im westlichen Teil durchgehend und lokal in hoher Dichte. In den östlichen Alpen nehmen Bestand und Siedlungsdichte von West nach Ost stark ab. Während die Art in den Bayerischen Alpen um Garmisch-Partenkirchen und Oberstdorf sowie in Tirol noch recht häufig auftritt, dünnen sich die Vorkommen nach Osten Richtung Salzburg hin stark aus. Weiter östlich in der Steiermark und südlich in Kärnten sind nur wenige lokale Populationen bekannt. Die recht abrupte Grenze des Vorkommens hängt möglicherweise mit einer aufgrund der Flügelmorphologie beschränkten Fähigkeit des Zitronenzeisigs zusammen, entfernt liegende Winterquartiere zu erreichen. Zudem spielen dabei wahrscheinlich auch eine hohe Brutortstreue und die relativ geringe Expansionsfreudigkeit der Art eine Rolle.

Übersicht über einen optimalen Lebensraum des Zitronenzeisigs im Wettersteingebirge, mit Latschenfeldern und lockeren Fichten-Tannenbeständen in mageren, nahrungsreichen, extensiv mit Rindern beweideten Bergweiden auf Kalkuntergrund im Bereich der Baumgrenze zwischen 1800 m und 2000 m ü. M.

Foto: M. Handschuh. Tirol, Österreich, 6.7.2022.

Zitronenzeisige brüten vorwiegend in montanen und subalpinen Lagen von 1000 bis 2000 m ü. M. Hier werden vor allem halboffene bis offene Lebensräume mit lichten Nadelwäldern aus Kiefern, Fichten oder Lärchen besiedelt. Von entscheidender Bedeutung für eine Lebensraumeignung ist zudem eine gut entwickelte Krautschicht mit einem reichen Angebot an Sämereien als Nahrungsgrundlage zur Brutzeit, insbesondere niedrig- und krüppelwüchsige Korbblütler sowie Ampferarten. Entsprechend wichtig sind arten- und damit nahrungsreiche extensive Bergweiden und Bergwiesen. Daher ist insbesondere in den Alpen auffällig, dass die besten und stabilsten Vorkommen des Zitronenzeisigs auf eher kalkreichem Untergrund bestehen, wo die Nahrungsverfügbarkeit in der Krautschicht oft höher bzw. diverser ist als auf Grundgestein. In vielen Regionen mit guten Vorkommen des Zitronenzeisigs besteht außerdem eine starke Bindung an die Bergkiefer, deren Samen eine wichtige Nahrungsquelle im Herbst, Winter und Frühling darstellen. Fichten werden zwar auch genutzt, können die Funktion der Kiefer aber nur eingeschränkt übernehmen, denn aufgrund ihrer unregelmäßigen Fruktifikation sind sie als zuverlässige Nahrungsressource weniger geeignet.

Ausschnitt aus einem Bruthabitat des Zitronenzeisigs. Ein Schlüsselfaktor der Habitatqualität ist das massenweise Vorkommen von Nahrungspflanzen, insbesondere verschiedene Korbblütler- und Ampferarten.

Foto: M. Handschuh. Tirol, Österreich, 6.7.2022.

Der Zitronenzeisig ist ein Teil- und Kurzstreckenzieher, der witterungsbedingt auch vertikale Wanderungen bzw. Ausweichbewegungen innerhalb und im Umfeld der Brutgebiete durchführt. Die Vögel Zentraleuropas überwintern überwiegend im zentralen bis südlichen Frankreich (z. B. Massif Central, Mont Ventoux). Vereinzelte Hochwinternachweise deuten aber darauf hin, dass ein möglicherweise nicht unerheblicher Teil der Population möglicherweise auch in klimatisch geeigneten Tälern und anderen niedrigen Lagen innerhalb der Brutgebiete überwintert.

Populationsrückgänge – erst der Anfang?

Der weltweite Bestand des Zitronenzeisigs wird auf nur rund 250 000 Brutpaare geschätzt. Zum Vergleich: Der Bestand der Amsel wird allein in Deutschland auf mehr als 8,5 Millionen Brutpaare geschätzt. Allerdings sind die Bestandszahlen aus Spanien, wo der größte Teil der globalen Population lebt, bereits 20 bis 25 Jahre alt.

Zwar wird der Zitronenzeisig derzeit als weltweit ungefährdet eingestuft, als Endemit mit einer weltweit geringen Populationsgröße ist die Art jedoch grundsätzlich besonders anfällig gegenüber Gefährdungen. So ist der Zitronenzeisig gleich mehrfach empfindlich: Zum einen ist seine weltweite Verbreitung auf nur wenige Gebirgszüge in Europa beschränkt, zum anderen auf eine eng begrenzte Höhenstufe und hier zudem auf spezifische Habitate mit geeignetem Nahrungsangebot.

Gefährdungsfaktoren

Auf viele Bestände, einschließlich der Alpenpopulation, wirken derzeit zwei Faktoren besonders negativ: Nutzungsänderungen und Klimawandel. Schon seit einiger Zeit kommt es auch in bisher noch gut geeigneten Lebensräumen großflächig einerseits zu Nutzungsintensivierungen und andererseits zu einer völligen Aufgabe der traditionellen extensiven und kleinteiligen Almwirtschaft. Dies führt zu einem starken Rückgang geeigneter Habitate sowie der Nahrungsverfügbarkeit und damit zu einer zunehmenden Verinselung von geeigneten Lebensräumen. Diese negativen Entwicklungen werden noch verstärkt durch klimatische Veränderungen, die in Bergregionen besonders stark zutage treten. So kommt es unter anderem zu einer Veränderung der Vegetationsperiode sowie in der Zusammensetzung und den Wuchseigenschaften der Vegetation in den Lebensräumen des Zitronenzeisigs. Wichtige Nahrungspflanzen können ausfallen oder nicht mehr in ausreichender Menge verfügbar oder zugänglich sein, weil sie entweder verschwinden oder für die Vögel nicht mehr entsprechend ihres jahreszeitlichen Bedarfs verfügbar sind. Zudem verändert sich auch die für den Zitronenzeisig wichtige Wasserverfügbarkeit in den Brutgebieten und es kommt vermehrt zu Extremwetterereignissen. Durch all diese Effekte wird der Bestand des Zitronenzeisigs ausgedünnt und das Risiko des Aussterbens lokaler Populationen nimmt deutlich zu – und damit auch das weltweite Aussterberisiko der Art.

Die hohe Gefährdungsanfälligkeit des Zitronenzeisigs zeigte sich schon früh durch massive Rückgänge an der nördlichen Arealgrenze. So waren in den Vogesen und im Schwarzwald bereits in historischer Zeit starke Rückgänge sowohl im Bestand als auch in der besiedelten Fläche zu verzeichnen, welche ab den 1980er Jahren nochmals deutlich an Fahrt aufnahmen und nach der Jahrtausendwende eskalierten. Seit Mitte der 1980er-Jahre ist die Schwarzwaldpopulation um mindestens 97,5 % zurückgegangen. Aktuell ist der Zitronenzeisig in den mittleren und nördlichen Teilen des Schwarzwaldes als regelmäßiger Brutvogel bereits erloschen, und der Bestand im Südschwarzwald ist auf einen winzigen Rest zusammengeschmolzen. In den benachbarten Vogesen sieht es nicht viel besser aus. Aktuelle Daten deuten auf weitere großräumige Rückgänge im Schweizer und Französischen Jura hin.

Adultes Männchen des Zitronenzeisigs an halbreifen Samen des Löwenzahns, einer der wichtigsten Nahrungsquellen zur Zeit der Jungenaufzucht. Im Gegensatz zu Stieglitz, Erlenzeisig oder Birkenzeisig, welche zur Nahrungsaufnahme oft geschickt klettern oder sogar kopfunter an Zapfen oder Samenständen hängen, benötigt der Zitronenzeisig beim Nahrungserwerb einen festen Stand. Im Bild werden milchreife Samen aus einem bodennahen Fruchtstand aufgenommen. Für eine gute Eignung als Bruthabitat ist daher nicht nur ein reiches Vorkommen an Nahrungspflanzen entscheidend, sondern auch deren Wuchseigenschaft und damit die permanente Zugänglichkeit von Samennahrung.

Foto: A. Klumpp. Nordschwarzwald, 29.4.2007.

Zitronenzeisige im Jugendkleid an Samenständen des Wiesen-Sauerampfers, eine wichtige Nahrungspflanze zur Brutzeit. Auch hier ist der für den Zitronenzeisig beim Nahrungserwerb erforderliche feste Stand erkennbar: Die Samen werden vom Boden und von dem umgeknickten, tragfähigen Stängel aus aufgenommen.

Foto: M. Förschler. Südschwarzwald, 20.6.2022.

Auch in den Alpen gibt es deutliche Rückgänge, beispielsweise in Vorarlberg bereits seit den 1980er Jahren. In den Schweizer Alpen ist ebenfalls eine Bestandsabnahme zu verzeichnen, vor allem in Lagen unterhalb von 1600 m ü. M. Beobachtungen aus anderen Teilen der Alpen deuten auf ähnliche Muster hin und auch in Spanien, dem weltweiten Hauptvorkommen der Art, sind mittlerweile Rückgänge zu verzeichnen.

Hierbei ist zu beachten, dass eine präzise Bestandserfassung beim Zitronenzeisig aufgrund artökologischer bzw. brutbiologischer Besonderheiten nicht einfach ist. Ohne regelmäßige Erfassungen sind vor allem frühe und noch nicht extreme Rückgänge im Brutbestand, die nicht mit einem Rückgang der besiedelten Fläche einhergehen müssen, schwierig zu entdecken und zu belegen. Speziell auf den Zitronenzeisig ausgerichtete Erfassungen fehlen jedoch in den meisten Gebieten. Dies ist wahrscheinlich mit ein Grund dafür, dass die Art in einigen Regionen aktuell noch als ungefährdet gilt.

Umso mehr sind die bereits dokumentierten großräumigen Rückgänge besorgniserregend und die regionalen Populationskollapse sogar alarmierend. Denn diese zeigen auf, wie schnell es beim Zitronenzeisig zum Aussterben kommen und wie rasant dies stattfinden kann, wenn nicht frühzeitig gezielt gegengesteuert wird.

Maßnahmen zum Schutz des Zitronenzeisigs

Sein quasi „doppelter Endemismus" (bestimmte Hochlagen in Südwest- und Mitteleuropa) und seine spezifischen Anforderungen an die Bruthabitate machen den Zitronenzeisig zu einer Verantwortungsart unter den einheimischen Vögeln und zu einer prioritären Art des Vogelschutzes.

Dennoch findet der Zitronenzeisig bisher in Schutzkonzepten oft nur wenig Berücksichtigung, nicht zuletzt, weil er nicht als Anhang I-Art in der Vogelschutz-Richtlinie gelistet ist. Offenkundig wurde er hier vergessen. Angesichts der zunehmenden Gefährdungslage sind großflächige und umfassende Schutzmaßnahmen mittlerweile jedoch dringend erforderlich.

Hierbei ist ein großflächiges, angepasstes, extensives Weidemanagement einer der Schlüssel. Insbesondere durch eine großflächige naturnahe Beweidung mit großen Grasfressern (vor allem Rinder und Pferde) können geeignete Lebensräume für den Zitronenzeisig und andere Bergvögel wie die Ringdrossel gezielt wiederhergestellt und erhalten werden. Eine angepasste, extensive Beweidung mit Großtieren ist außerdem dazu geeignet, negativen klimatischen Effekten entgegenzuwirken oder diese abzumildern. Große Weidetiere in naturnahen bzw. an die Lebensraumansprüche der Zielarten angepassten Besatzstärken (mittlere Zahl an Tieren pro Hektar und Vegetationsperiode) tragen durch ihre vielfältigen Aktivitäten wie Fraß, Verbiss, Tritt und Lagern wesentlich zur Diversität und Feinkörnigkeit von Habitaten und damit zu deren Pufferwirkung für Arten gegen negative Einflüsse bei.

Bei allen Schutzmaßnahmen für den Zitronenzeisig ist besonders auf eine ganzjährig hohe Verfügbarkeit und Zugänglichkeit von Nahrungspflanzen zu achten, sowohl in den Brut- als auch in den Überwinterungsgebieten. Bereits kleine Lücken in der Nahrungsverfügbarkeit, zum Beispiel aufgrund von unangepasster Mahd oder Beweidung in den Brutgebieten während der Jungenaufzucht, haben fatale Folgen und sind damit von entscheidender Bedeutung. Daher ist eine Schafbeweidung in der Regel nicht geeignet zur Förderung des Zitronenzeisigs, denn diese Weidetiere fressen bevorzugt die Blütenstände von potenziellen Nahrungspflanzen, sodass kein reiches Angebot an Sämereien entsteht.

Auch weitere negative Einflussfaktoren, die den Bruterfolg oder die Überlebensrate verringern können, wie genetische Verarmung von lokalen Populationen oder Krankheiten, sind sorgfältig zu beobachten, um frühzeitig eingreifen und weiteren Rückgängen entgegenwirken zu können. Zum Schutz von Lokalpopulationen kann außerdem die Identifizierung von Zugwegen und Winterquartieren erforderlich sein. Dadurch kann möglichen Problemen in den Durchzugs- und Überwinterungsgebieten vorgebeugt und ihr angemessener Schutz gewährleistet werden.

Marc I. Förschler, Markus Handschuh

Ungeeignete Landbewirtschaftung im Lebensraum des Zitronenzeisigs in Form von Mahd oder intensiver Beweidung und Gülleausbringung zur Brutzeit. Zudem besteht hier bewirtschaftungsbedingt eine scharfe Grenze zwischen Wald und Offenland. So verliert ein Bruthabitat sowohl hinsichtlich seiner Struktur als auch der Artenzusammensetzung in der Krautschicht die Eignung für den Zitronenzeisig.

Foto: M. Handschuh. Hämmermoosalm, Gaistal, Tirol, Österreich, 6.7.2022.

Literatur zum Thema

BirdLife International 2022: Species factsheet: *Carduelis citrinella*. Downloaded from http://www.birdlife.org. Abgerufen: 18/08/2022.

Borràs A, Senar J C, Märki H 2020: Citril Finch *Carduelis citrinella*. In: Keller V u.a., : European Breeding Bird Atlas 2: Distribution, Abundance and Change. European Bird Census Council & Lynx Edicions, Barcelona.

Dorka U 1986: Der Zitronengirlitz (*Serinus c. citrinella*) im Nordschwarzwald – zur Verbreitung und Habitatwahl. Orn. Jh. Bad.-Württ. 2: 57-71.

Dvorak M, Landmann A, Teufelbauer N, Wichmann G, Berg H-M, Probst, R 2017: Erhaltungszustand und Gefährdungssituation der Brutvögel Österreichs: Rote Liste (5. Fassung) und Liste für den Vogelschutz prioritärer Arten (1. Fassung). Egretta 55: 6-42.

Förschler M I 2013: Auf verlorenem Posten? Der Zitronenzeisig im Schwarzwald. Der Falke 60: 453-455.

Glutz von Blotzheim U N, Bauer K M 1997: Handbuch der Vögel Mitteleuropas. Band 14/ II, Passeriformes (5. Teil): Fringillidae – Parulidae. Finkenvögel, Waldsänger. AULA-Verlag Wiesbaden.

Hölzinger J, Dorka V 1997: *Serinus citrinella* (Pallas, 1764) - Zitronengirlitz. In: Hölzinger, J. (1997): Die Vögel Baden-Württembergs. Bd. 3.2, Singvögel 2. Ulmer Verlag, Stuttgart.

Probst R 2012: Warum brütet der Zitronenzeisig (*Carduelis citrinella*) in Kärnten genau am Dobratsch? Carinthia II 202 (122): 493-504.

Dr. Marc I. Förschler ist Biologe und seit Gründung des Nationalparks Schwarzwald als Leiter des Fachbereichs für Ökologisches Monitoring, Forschung und Artenschutz beschäftigt. Er sammelt seit über 25 Jahren Daten zur Entwicklung der Vogelwelt des Nordschwarzwaldes mit dem Schwerpunkt auf den charakteristischen Bergvögeln.

Markus Handschuh arbeitet derzeit in Teilzeit im Nationalpark Schwarzwald, im Fachbereich Ökologisches Monitoring, Forschung und Artenschutz, und hier in den Sachbereichen Naturwissenschaftliche Grundlagen, Forschungs-Konzeption und Vertebraten-Monitoring sowie Natura 2000-Kontrolle, Arten- und Biotopschutz.

Extrem lange Krallen ermöglichen es dem Mauerläufer, auch unter waagrechten Wandteilen zu hängen. Wettersteingebirge, 11.7.2008.

Im Gebirge daheim:

Der Mauerläufer

Als „Fliegenden Almrausch" hat der bayerische Maler und Vogelkenner Franz Murr den Mauerläufer bezeichnet. Dieser echte Hochgebirgsvogel brütet in allen Gebirgen der Alten Welt, aber nicht alle Länder haben einen Anteil an diesem Lebensraum. So ist es kein Wunder, dass Vogelbeobachter sich oft auf die Suche nach dem Mauerläufer machen. Da er im Spätherbst unter Umständen das Brutgebiet verlässt und mehrere 100 km entfernt in Steinbrüchen oder sogar an Bauwerken auftaucht, zieht er an solchen Plätzen oft Dutzende von Beobachtern an.

Der Mauerläufer besiedelt in zwei Unterarten die alpine und hochalpine Stufe der Gebirge. Sein Lebensraum sind senkrechte, reich gegliederte Felswände bis in die Gipfelregion. Eine bevorzugte Himmelsrichtung der Wände ist nicht zu erkennen. Wie der Kleiber ist auch der Mauerläufer ein Extremkletterer. Mit seinen überlangen und spitzen Krallen ist es ihm nicht nur möglich, in senkrechten Wänden zu klettern, auch Überhänge stellen für ihn dank dieser speziellen Ausstattung kein Problem dar. Mühelos kann sich der Mauerläufer in der Horizontalen bewegen, ohne den Stützschwanz der Spechte und Baumläufer zu besitzen. Diese Position, mit dem Rücken nach unten, ist in der Vogelwelt nahezu einzigartig.

Unverwechselbare Vogelart

Durch die graue Grundfarbe des Gefieders ist der etwa spatzengroße Mauerläufer trotz seiner charakteristischen roten Flügelzeichnung und dem ständigen Flügelzucken erstaunlich gut getarnt. Am leichtesten fällt er im Fliegen auf, wenn er mit den überdimensioniert wirkenden, runden Flügeln wie ein großer Schmetterling von einer Felswand zur anderen wechselt. Geschickt nutzt er Thermik und andere Luftströmungen, um sich energiesparend in große Höhe tragen zu lassen. Der lange, etwas abwärts gebogene Schnabel dient dazu, tief in Ritzen sitzende Insekten oder Spinnen bis zur Größe einer Feldgrille zu erbeuten. Schmetterlinge können auch im Flug gefangen werden. Durch Schlagen auf eine Unterlage wird größere Beute zerteilt, kleinere wird dagegen vollständig verschluckt. Charakteristisch für den Mauerläufer ist das regelmäßige Flügelzucken, wodurch die weißen Flecken in den äußeren Handschwingen aufblitzen und das Rot im Flügel sehr auffällig wird. Die rhythmische Bewegung der Flügel vollzieht sich relativ langsam und ist deshalb lange sichtbar und für Artgenossen leicht zu entdecken.

Das geringe Lautrepertoire unterstreicht die Bedeutung des Flügelzuckens als Kommunikationsmittel im reich gegliederten Lebensraum, obwohl die Pfeiftöne von Ruf und Gesang weit und in der Brutzeit nahezu täglich zu hören sind. Mauerläufer sind streng territoriale Einzelgänger mit ausgesprochener Treue zum Brutplatz und Winterquartier. Männchen und Weibchen haben auch zur Brutzeit getrennte Nahrungsreviere.

Der Gesang wird von beiden Geschlechtern dargebracht. Der Gesang des Männchens dient hauptsächlich dem Anlocken eines Weibchens und dem Zeigen einer potenziellen Bruthöhle. Eine Strophe besteht aus einer aufsteigenden Reihe von vier bis fünf hohen, glasklaren Pfeiftönen, die mit einem fast eine Sekunde dauernden tiefen Pfiff endet. Unter Umständen klingt der Gesang auch etwas tiefer, da das Männchen für Weibchen bzw. Beobachter unsichtbar in der Bruthöhle weitersingt. Vor allem in der zweiten Hälfte der Jungenentwicklung wird auch in der Nähe der Brutnische gesungen, egal ob der Vogel den Schnabel voll Futter hat oder nicht. Das Sprichwort „mit vollem Munde spricht man nicht" ist Mauerläufern völlig unbekannt. Auch das Weibchen singt und setzt den Gesang oft zur Verteidigung des eigenen Winterreviers ein. Im Laufe des Oktobers, also gleichzeitig mit dem Beginn der Abwanderung in die Winterquartiere, beginnen die diesjährigen Jungvögel ihren Gesang zu verbessern. Über einen speziellen Erregungslaut verfügt der Mauerläufer nicht. Bei Störungen am Nest singen beide Partner, allerdings deutlich schneller. Vogelbeobachter vernehmen die Stimme relativ selten, was aber eher an der geringen Siedlungsdichte und der schweren Erreichbarkeit der Lebensräume des Mauerläufers liegt.

Die erbeutete Hausmutter wird gleich im Schnabel des eben flüggen Mauerläufers verschwinden. Wettersteingebirge, 11.7.2008.

Der eben flügge Jungvogel sitzt bettelnd in der Steilwand. Wettersteingebirge, 11.7.2008.

Leben in der Steilwand

Brutvorkommen des Mauerläufers finden sich im gesamten Alpenbogen. In Deutschland brütet er ausschließlich in den bayerischen Alpen. Die Dichte ist wahrscheinlich gering und das Verbreitungsgebiet schwer vollständig zu bestimmen, da die Vögel an den teilweise riesigen Wandfluchten nicht leicht zu finden sind. Bisher entdeckte Brutplätze liegen in Deutschland zwischen 600 und 2450 m ü. M. In Tirol wurde der niedrigste Brutplatz bei 680 m ü. M. und der höchste bei 2210 m ü. M. gefunden. In der Schweiz brüten über 50 % der Population zwischen 2000 und 2600 m ü. M. Der tiefste Brutnachweis gelang bei 350 m ü. M., der höchste wurde bei 3290 m ü. M. gefunden. In den Brutwänden müssen Höhlen und Spalten vorhanden sein, die sich für die Anlage des Nestes eignen. Bemerkenswert beim Nestbau der Mauerläufer ist die Tatsache, dass er, anders als andere Singvögel, keine geordnete Reihenfolge des Nistmaterials hat. Zwischen die groben Anteile, die aus Moos und trockenem Gras bestehen, werden Haare, Wolle und Federn eingefügt, wodurch ein gut verfilztes Nest entsteht. Ähnlich wie bei Meisen spielt Moos auch hier die Hauptrolle beim Nestbau. Die Wandexposition spielt offensichtlich keine Rolle, doch sind die Nester so gut wie nie der Sonne ausgesetzt. In der Nähe der Nistplätze befinden sich meist kleine Wasserstellen, Grasbänder und Polster, die möglicherweise das Futterangebot erhöhen, das hauptsächlich aus verschiedenen Insekten und Spinnen besteht. Gerne sucht der Mauerläufer zur Nahrungssuche Geröll- und Schuttflächen auf. Gebäude werden nur selten als Brutplatz genutzt und die einzigen bekannten Ausnahmen in Deutschland sind Schloss Neuschwanstein und die Lorettokapelle bei Oberstdorf, wo aber seit etlichen Jahren keine Brut mehr registriert wurde. Dagegen ist es am Schloss Neuschwanstein nahezu alljährlich möglich, den Mauerläufer ohne große Anstrengungen und aus nächster Nähe zu beobachten. Seinen Nistplätzen ist der Mauerläufer oft sehr treu und manche Brutwände sind mit kleinen Unterbrechungen regelmäßig besetzt. So sind Brutplätze und Wände bekannt, die über 50 Jahre besetzt sind. Die Vögel sind nicht nur brutplatztreu, sondern die Nistplätze werden unter Umständen auch generationenübergreifend genutzt. Oft finden sich die Partner des Vorjahres im nächsten Jahr wieder am selben Brutplatz ein. Häufig wird auch dieselbe Nisthöhle über Jahre genutzt. Viele Nistplätze verfügen über mehrere Ein- und Abflugmöglichkeiten. Je nach Witterung wird das Gelege, das normalerweise aus vier, manchmal auch drei oder fünf weißen Eiern besteht, meist im Mai und Juni gezeitigt.

Gemäß einer Datenauswertung aus dem Werdenfelser Land um Garmisch-Partenkirchen verlassen offensichtlich die letzten Jungvögel in der ersten Augustdekade das Nest. Aus einer über Jahre hinweg besetzten Bruthöhle bei ca. 1700 m ü. M. im Wettersteingebirge flogen die Jungvögel bei zwei Beobachtungen am 9. bzw. 14. Juli aus. Die Bebrütung der Eier sowie die Phase der Jungenaufzucht betragen insgesamt fast sieben Wochen. Diese Zeitspanne ist mit keiner anderen Vogelart dieser Körpergröße in Europa vergleichbar und sicher eine Anpassung an den extremen Lebensraum, in dem sich die Brutzeit mehr in den Spätfrühling und den kurzen Sommer verschiebt. Nach dem Ausfliegen werden die Jungvögel meist nur noch eine Woche betreut. Möglicherweise bleiben die Vögel danach mehrere Wochen zusammen, dies ist jedoch bis dato eines der Geheimnisse des Mauerläufers.

Mauerläufer in tieferen Lagen

Viele Erkenntnisse stammen aus den langjährigen Untersuchungen von Hans Löhrl, der die Art als einer der Ersten auch züchtete. Nach der Brutzeit unternehmen Mauerläufer oftmals eine vertikale Wanderung, die die Vögel in der Schweiz bis in Höhen von ca. 4500 m ü. M. führt und sie erst im Oktober wieder in tiefere Regionen zu ziehen scheint. Ein Teil der Mauerläufer bezieht dann das Winterquartier in Lagen unter 1000 m ü. M. mit günstigerem Nahrungsangebot. Da die Winterterritorien ausreichend Nahrung bieten müssen, werden Artgenossen vor allem bei der Besiedlung im Spätherbst hartnäckig bekämpft. Wenn die Geschlechter im Winter ein gleichartiges Gefiederkleid tragen, sind auch die Weibchen territorial aggressiv, während sie im Sommer dem anders gefärbten, dominanten Männchen die Verteidigung des Brutreviers überlassen. Unter Umständen besteht das Winterrevier aus mehreren kleineren Steinbrüchen oder Gebäudewänden, die nur schwer verteidigt werden könnten. Allerdings sind solche Plätze immer sehr weit von Brutplätzen entfernt, sodass durch den fehlenden Konkurrenzdruck keine Verteidigung notwendig ist. Bei länge-

Im geöffneten Flügel sind die weißen Fensterflecke deutlich zu sehen.

Wettersteingebirge, 11.7.2008. Alle Fotos: H.-J. Fünfstück.

ren Wärmeeinbrüchen werden diese aber offenbar auch wieder geräumt. Ein Teil der Mauerläufer fliegt wahrscheinlich in weiter entfernte Gebiete oder gar an die Brutplätze zurück. Zur Überwinterung werden oft dieselben Plätze aufgesucht und vermutlich sind es auch oft dieselben Vögel, die sich an denselben Plätzen einfinden. Bei Beobachtungen von Mauerläufern weitab von Gebirgen, beispielsweise auf den Britischen Inseln oder in Skandinavien, handelt es sich höchstwahrscheinlich um verdriftete Individuen. Im März/April werden die Winterquartiere wieder verlassen und die Mauerläufer ziehen zurück in ihre Brutgebiete. Nachzügler wurden in der Schweiz bis in den Mai oder sogar während der Brutzeit notiert.

Lediglich außerhalb der Brutzeit besteht die seltene Chance, Mauerläufer in Steinbrüchen oder an hohen Gebäuden wie Kirchen und Burgen zu lokalisieren. Solche raren Gelegenheit für Beobachtungen und Fotografie sprechen sich dann über Telefon und Internet meist schnell herum.

Auf der Nahrungssuche sind Mauerläufer immer wieder an besetzten Steinadlernestern zu finden. Möglicherweise erbeuten sie dort Fliegen und andere Insekten, die durch das im Nest liegende Futter angelockt wurden.

Bestand und Schutz

Aufgrund des auf die bayerischen Alpen beschränkten Brutgebietes ist der Mauerläufer in Deutschland ein extrem seltener Brutvogel. Der Brutbestand hat sich offensichtlich auch in den letzten 150 Jahren nicht verändert. Stabile Bestände werden auch für die Schweiz, Österreich und Italien angegeben, hingegen ist der Trend in Frankreich unbekannt. Nach dem aktuellen europäischen Brutvogelatlas, EBBA 2, haben die Brutbestände im Vergleich zum ersten Atlas im restlichen Verbreitungsgebiet Europas vor allem an den Rändern, also in tieferen Lagen, abgenommen. Vor allem in den Pyrenäen, dem Apennin und den Karpaten sind wesentliche Verluste zu verzeichnen. Die Gründe für die lokalen Rückgänge sind relativ unbekannt, aber erhöhte Trockenbedingungen scheinen den Bruterfolg negativ zu beeinflussen, insbesondere in den niedrigeren Höhenlagen. Kletterern gegenüber, die ihm in seinem Lebensraum begegnen, ist der Mauerläufer meist tolerant. Dennoch kann rücksichtsloses Freestyle-Klettern durch Ausputzen von Felswänden lokal zu einer Beeinträchtigung des Lebensraumes und unter Umständen auch zur Aufgabe von Brutplätzen führen. Auch verregnete Frühjahre und Sommer können sich lokal auswirken.

Nach der Kartierung für ADEBAR von 2005 bis 2009 wird der deutsche Bestand auf 80 bis 120 Brutpaare geschätzt. In den Hochlagen des Allgäus, den Chiemgauer und Berchtesgadener Alpen dünnen die Nachweise deutlich aus und erreichen nicht die Dichte wie im mittleren bayerischen Alpenabschnitt. Diese Lücken könnten durch gezielte Nachsuche wahrscheinlich geschlossen werden. Genaue Angaben zu der Siedlungsdichte fehlen, da die Brutplätze zum Teil zu Beginn der Brutzeit noch nicht erreicht werden können, zudem kann die Unübersichtlichkeit des Geländes erhebliche Schwierigkeiten bereiten. Die höchsten Schätzungen liegen bei 8 bis 20 Brutpaaren auf zwei Flächen von ungefähr 30 km^2 im Wettersteingebirge. Langzeituntersuchungen fehlen in Bayern ebenso wie in anderen Ländern. Wahrscheinlich wird erst die Besenderung von Brutvögeln helfen, reelle Reviergrößen zu bestimmen, da dies in den oft kilometerlangen Felswänden anders nicht möglich ist. Bis dahin wird es um den Mauerläufer noch einige Geheimnisse geben.

Hans-Joachim Fünfstück

Literatur zum Thema

Bezzel E 1993: Der Mauerläufer *Trichodroma muraria* im Werdenfelser Land, Oberbayern, Limicola 7: 35-48.

Gedeon K. et. al. 2014: Atlas deutscher Brutvogelarten, Stiftung Vogelmonitoring Deutschland und Dachverband deutscher Avifaunisten, Münster.

Keller V. et. al. 2020: European Birding Bird Atlas 2 (EBBA 2): Distribution, Abundance and Change. European Bird Census Council & Lynx Edicions, Barcelona.

Lentner R, Lehne F, Danzl A, Eberhard B 2022: Atlas der Brutvögel Tirols: Verbreitung, Häufigkeit, Lebesräume, Beerenkamp Verlag, Wattens.

Löhrl H 1976: Der Mauerläufer *Trichodroma muraria*. Neue Brehm Bücherei, 498, Wittenberg.

Rödl T, Rudolph B-U, Geiersberger I, Weixler K, Görgen A 2012: Atlas der Brutvögel in Bayern. Verbreitung 2005 bis 2009. Verlag Eugen Ulmer, Stuttgart.

Hans-Joachim Fünfstück war von 1981 bis 2022 Mitarbeiter der Staatlichen Vogelschutzwarte Garmisch-Partenkirchen. Seit 1999 ist er Mitglied der Fachredaktion von DER FALKE.

Durch die rostrote Unterseite und den graublauen Kopf ist das Steinrötelmännchen unverkennbar.
Foto: C. Moning. Rappenalptal, 3.7.2010.

Farbenprächtiger Gebirgsbewohner:

Der Steinrötel

Zum Glück sitzen die Männchen gerne auf exponierten Warten, denn sonst wäre es noch schwerer, den schönen Steinrötel zu entdecken. Beim schlicht gefärbten Weibchen ist das schon etwas schwieriger, denn zwischen den Zwergsträuchern und Steinblöcken auf dem alpinen Rasen ist es hervorragend getarnt.

Wie das Steinhuhn ist auch der unverwechselbare Steinrötel eigentlich im Mittelmeerraum beheimatet. Deshalb werden in den Alpen nur klimatisch günstige Lagen besiedelt. Noch vor 200 Jahren hatte der Steinrötel ein ganz anderes Verbreitungsgebiet in Mitteleuropa. Im 18. und 19. Jahrhundert hatte er ein mehr oder weniger geschlossenes Verbreitungsgebiet von Ostbelgien und Luxemburg über die deutschen Mittelgebirge östlich bis ins Zittauer Gebirge und nach Polen. Der nördlichste Vorposten in Deutschland befand sich am Harzrand bei Goslar. Bruten wurden in tiefen Lagen bei nur 150 bis 300 m ü. N. gefunden. Sicher waren diese Vorkommen durch die gänzlich anderen Landschaftstypen begründet. Durch die häufige Beweidung mit Schafen und Ziegen wurden zum Beispiel auf der Frankenalb kurzrasige Flächen freigehalten und die eingesprengten Felsköpfe und Felswände dienten den Steinröteln wohl als Brutplätze. Die Aufgabe und Einschränkung der Beweidung mit der gleichzeitigen Zunahme der Bewaldung war sicher eine der Hauptursachen des Bestandsrückganges, der sich schon im 19. Jahrhundert bemerkbar machte. Auch die Unterbindung natürlicher Dynamik durch den Menschen trug sicherlich hierzu bei. Störereignisse wie Hangrutsche, Waldbrände oder Ähnliches nahmen bis zur heutigen Zeit immer weiter ab. Welches Potenzial beispielsweise Waldbrände zur Herstellung geeigneten Lebensraums für den Steinrötel mit sich bringen, zeigte sich in den Folgejahren eines Waldbrandes im Jahr 2003 in der Schweiz. Drei Jahre nach dem Brandereignis besiedelten Steinrötel die 300 ha große Fläche mit einem Bestand von 13 Revieren. Wiederum zwei Jahre später zeigte sich bereits die Wirkung der fortschreitenden Verbuschung, der Bestand ging auf

Zwischen den Felsen mit den rostroten Flechten ist der Steinrötel nicht so leicht auszumachen.
Foto: H.-J. Fünfstück. Caldiran/Ostanatolien, 14.6.2007.

zehn Reviere zurück. Auch die direkte Verfolgung ist wahrscheinlich als Rückgangsursache mitverantwortlich, denn Steinrötel wurden als gute Sänger gerne als Käfigvögel gehalten. Zu diesem Zweck wurden erreichbare Nester rücksichtslos ausgenommen. Erschließungsmaßnahmen und Aufräumarbeiten an Ruinen nach den Weltkriegen werden in der Literatur als weitere Ursachen genannt.

Verbreitung und Bestand

Das heutige Verbreitungsgebiet des Steinrötels erstreckt sich von den Gebirgen Nordwestafrikas und Europas bis nach Nordostchina. Die Alpen sind das derzeitige nördlichste Verbreitungsgebiet Europas. In Südeuropa werden allerdings auch niedrig gelegene Lebensräume wie Weinberge oder Ruinen besiedelt und in Ungarn lebte ein wesentlicher Teil des inzwischen erloschenen Brutbestandes in Steinbrüchen.

Gemäß der Roten Liste Europäischer Vogelarten aus dem Jahr 2021 wird der europäische Bestand auf circa 310 000 adulte Individuen geschätzt. Im Jahr 2000 konnte der Steinrötel in Deutschland wieder als Brutvogel nachgewiesen werden, der Bestand wird

Oberhalb der Baumgrenze befinden sich in den Tälern des Oberallgäus die einzigen deutschen Brutplätze des Steinrötels. Foto: H.-J. Fünfstück. Rappenalptal, 21.9.2019.

aktuell auf zwei bis fünf Reviere im Allgäu geschätzt, womit diese Art zu den seltensten Brutvögeln Deutschlands zählt. Im angrenzenden Tirol wird der Bestand mit 500 bis 700 Brutpaaren angegeben, in der Schweiz brüten 2000 bis 3000 Paare. Im Vergleich zur Bestandserhebung von 1993 bis 1996 meldet der Schweizer Brutvogelatlas 2013 bis 2016 eine deutliche Zunahme belegter Quadranten. Diese Zuwächse sind in gewissem Maße durch eine gesteigerte Erfassungsqualität bedingt, jedoch existieren auch gesicherte tatsächliche Bestandszunahmen. Diese sowie die Wiederentdeckung der Art als Brutvogel in Deutschland stehen einem allgemeinen europäischen Negativtrend entgegen. Seit dem ersten Europäischen Brutvogelatlas konnte der Verlust der Vorkommen in Moldawien, der Slowakei und Ungarn festgestellt werden. Auch in Italien waren lokal Bestandsabnahmen zu verzeichnen. Der Rückgang besiedelter Quadranten wird im Rahmen des Europäischen Brutvogelatlas 2 (EBBA 2) mit minus 13,5 beziffert.

In der Schweiz und in Südtirol wurde der Steinrötel früher regelmäßig in talnahen Lagen als Brutvogel nachgewiesen. Talnahe Vorkommen sind inzwischen aufgrund der intensivierten Landwirtschaft bei gleichzeitiger Bewirtschaftungsaufgabe vieler Steillagen oftmals verwaist.

Ein junger Steinrötel mit deutlichem, hellem Schnabelwinkel wartet auf einem Masten auf die Fütterung.
Foto: H.-J. Fünfstück. Nordwest-Mongolei, 18.7.2007.

Lebensraum

Der Lebensraum des Steinrötels wird durch Blockhalden, Schuttfelder und kurzrasige, strukturreiche Vegetation mit niedrigen Sträuchern geprägt. Der Lebensraum ist meist stark besonnt und trocken, deshalb findet sich die Art gern in süd- und ostexponierten Lagen. Als Jagd- und Singwarten dienen Felsvorsprünge, einzeln stehende Bäume, Steinhaufen und -blöcke, Leitungsmasten und Dächer von Berg- oder Almhütten. Er besiedelt Höhen bis zu 2500 m ü. N. Der höchste Brutnachweis der Schweiz wurde bei Parpan in Graubünden bei 2760 m ü. N. gefunden, der höchste Nachweis Tirols stammt aus Obergurgl und wurde bei 2490 m ü. N. entdeckt.

Der diesjährige Steinrötel hat unterseits noch ein fluffiges Gefieder.
Foto: H.-J. Fünfstück. Mongolei, 30.7.2010.

Aussehen und Biologie

Der Steinrötel ist knapp starengroß. Das Männchen ist durch seinen graublauen Kopf, den auffälligen weißen Rückenfleck und die rostfarbene Unterseite nicht zu verwechseln. Weibchen und diesjährige Individuen sind dagegen nicht immer zu unterscheiden. Die Oberseite wirkt durch helle Federsäume fleckig und die Unterseite ist dicht dunkel gebändert.

Die Nahrung der Steinrötel besteht größtenteils aus Insekten, Spinnen und Schnecken. Bei Gelegenheit werden jedoch auch Eidechsen bis 10 cm Länge und auch Bergmolche oder Frösche erbeutet. Von einer Warte aus beobachtet der Steinrötel seine Umgebung, die potenzielle Beute wird oft hüpfend verfolgt. Im Hochsommer werden zusätzlich auch Beeren gefressen.

Trotz seines auffallenden Gefieders ist auch das Steinrötelmännchen nicht leicht zu entdecken. Am leichtesten gelingt das zur Balzzeit, besonders wenn mehrere Männchen anwesend sind. Dann ist die Erregung am größten und der „normale“ Reviergesang wird in einem eigenartigen Singflug fortgesetzt. Das erregte Männchen lässt sich von der Warte fallen und nimmt dann mit langsamen Flügelschlägen einen Schwung nach oben und beginnt dabei gleichzeitig zu singen. Während des Aufsteigens wird das Kopf- und Rückengefieder aufgeplustert und der Schwanz wie ein Fächer gespreizt. Auf dem höchsten Punkt flattert und schwebt das Männchen für einige Sekunden, wobei auch der Gesang seinen Höhepunkt erreicht. Danach lässt sich das Männchen bis zu 20 m steil herabfallen, um meist auf einer anderen Warte zu landen. Dieser Singflug kann sich mehrmals wiederholen und dient der Revierabgrenzung, aber auch als reiner Balzgesang. Oft landet das Männchen nach diesem Balzgesang auch direkt neben dem Weibchen und kopuliert mit diesem. Dabei wird nicht selten dem Weibchen noch ein Imponiergehabe gezeigt. Dabei läuft das Männchen hoch aufgerichtet mit gefächertem Schwanz und hängenden Flügeln zum Weibchen und äußert hastige sprudelnde Lautfolgen, ehe es den Hals seitlich hin und her schwenkt, um sich dann unter anhaltendem Gesang mit erhobenem Schwanz und Hals weit vorzubeugen. Der Gesang nimmt dabei an Tempo nochmals zu. Duckt sich das Weibchen jetzt, erfolgt die Kopulation, zeigt das Weibchen keine Bereitschaft, fliegt das Männchen mit lautem Reviergesang im Balzflug ab.

Durch die hohe Brutplatztreue finden sich oft die Paare des Vorjahres wieder zusammen. Das Weibchen wählt den Nistplatz aus, das Nest wird meist bodennah und gut gedeckt in Felsnischen hinter Grasbüscheln oder kleinen Sträuchern, in seltenen Fällen auch in Baumhöhlen angelegt. Es ist ein relativ flacher Bau aus Wurzeln, Grashalmen und anderen Pflanzenresten, die meistens taunass und gut biegsam am Morgen verbaut werden. Die Auspolsterung der Nestmulde erfolgt mit Moos, und nach 3 bis 4 Tagen ist das Nest fertig, das Niethammer 1937 als „unordentlich" bezeichnete. Wie der Nestbau ist auch die zweiwöchige Bebrütung eine reine Angelegenheit des Weibchens. Nach 14 Tagen Nestlingszeit verlassen die Jungvögel das Nest und sind nach weiteren 3 bis 4 Tagen selbstständig.

Trotz des riesigen Verbreitungsgebietes überwintern alle Steinrötel in den Gebirgsregionen und Savannen des tropischen Afrikas und in Ostafrika südwärts bis Tansania. Der Wegzug beginnt bereits im August und die Rückkunft in den Brutgebieten findet ab Mitte April, meist jedoch Anfang Mai statt.

Nach der Ruhemauser ist die Brust des Steinrötelmännchens noch weißspitzig.
Foto: H.-J. Fünfstück. Äthiopien, 17.2.2009.

Bestand und Schutz

Eine Gefährdung der alpinen Population kann durch Habitatverluste eintreten. Besonders die Aufgabe traditioneller Almnutzung könnte sich negativ auf die Bestandssituation auswirken. Da Steinrötel in derzeit „ruhigen Ecken" meist störempfindlich sind, könnte der ausufernde Tourismus in den Alpen ebenfalls negative Auswirkungen haben. Habitatverluste im Winterquartier oder auf den Zugrouten können die Situation verschärfen. Im Zuge des Klimawandels besteht jedoch potenziell auch die Möglichkeit einer Arealexpansion Richtung Norden. Arealmodellierungen für das späte 21. Jahrhundert, welche die klimatischen Faktoren für ein Vorkommen der Art einbeziehen, zeigen, dass ein Großteil Frankreichs, Belgiens, Hollands, Deutschlands und das südliche Baltikum über Weißrussland bis Südrussland von der Art besiedelt werden könnten. Demgegenüber stünde ein potenzieller Arealverlust auf der Iberischen Halbinsel, Südfrankreich, Italien und den Balkanstaaten. Gleichwohl betreffen mögliche Arealgewinne überwiegend Lagen des Flachlandes und somit aller Voraussicht nach für die Art wenig geeignete Lebensräume, denn neben der klimatischen Eignung müssen weitere Aspekte, wie beispielsweise Nahrung und Lebensraumqualität, erfüllt sein. Solche Lebensräume fehlen in tieferen Lagen, weshalb in der Zukunft doch eher eine deutliche Arealreduktion beim Steinrötel zu befürchten ist.

Hans-Joachim Fünfstück, Tim Korschefsky

Literatur zum Thema

Bauer HG, Schöneberger A, Werth H 2003: Die Rückkehr des Steinrötels *Monticola saxatilis* als deutscher Brutvogel nach Bayern. Limicola 6.

BirdLife International 2021: European Red List of Birds 2021, Publications Office of the European Union, Luxemburg.

Gedeon K, Grüneberg C, Mitschke A et. al. 2014: Atlas deutscher Brutvogelarten (ADEBAR), Stiftung Vogelmonitoring Deutschland und Dachverband deutscher Avifaunisten, Münster.

Huntley B et al. 2007: A Climtic Atlas of European Breeding Birds, Lynx Edicions, Barcelona.

Keller V, Herrando S, Vorisek P et. al. 2020: European Birding Bird Atlas 2 (EBBA 2): Distribution, Abundance and Change. European Bird Census Council & Lynx Edicions, Barcelona.

Knaus P, Antoniazza S, Wechsler S et al. 2018: Schweizer Brutvogelatlas 2013–2016. Verbreitung und Bestandsentwicklung der Vögel der Schweiz und im Fürstentum Liechtenstein. Schweizer Vogelwarte, Sempach.

Lentner R, Lehne F, Danzl A, Eberhard B 2022: Atlas der Brutvögel Tirols Verbreitung, Häufigkeit, Lebensräume, Beerenkamp Verlag, Wattens.

Livio R, Jacot A 2018: Die Entwicklung der Brutvögel in der Waldbrandfläche bei Leuk, Schweizerische Zeitschrift für Forstwesen.

Pfeifer R 1995: Mögliche Ursachen für das Verschwinden des Steinrötels *Monticola saxatilis* aus Mitteleuropa. Ornithol. Anzeiger 155-158.

Schmidt E, Farkas T 1974: Der Steinrötel, Neue Brehm Bücherei, A. Ziemsen Verlag, Wittenberg Lutherstadt.

Hans-Joachim Fünfstück siehe S. 55.

Tim Korschefsky arbeitet an der Unteren Naturschutzbehörde Garmisch-Partenkirchen und leitet dort die Biologische Station im Murnauer Moos. Zuvor war er am Bayerischen Landesamt für Umwelt für das Artenhilfsprogramm Wiesenbrüter zuständig. Bei DER FALKE ist er seit 2022 Mitarbeiter.

Die vermeintlich unscheinbare Alpenbraunelle hat ein ganz besonderes Paarungssystem entwickelt – unterschiedliche Väter in derselben Brut sind die Regel.
Foto: M. Burkhardt. Wallis, Schweiz, 5.3.2012.

Leben und Brüten in Fels, Geröll und Schnee:

Die Alpenbraunelle

Die Alpenbraunelle ist bestens ans Hochgebirge angepasst. Zahlreiche Verhaltensweisen ermöglichen es ihr, günstige Bedingungen des Hochgebirges auszunutzen und so erfolgreich Nestlinge aufzuziehen. Selbst den Hochwinter verbringt sie teilweise über 2000 m über dem Meer.

Tirr-tirr-tirr-drüurli-tirr-tirr …, ein Weibchen der Alpenbraunelle sitzt auf einem erhöhten Felsvorsprung und ruft laut, eingestreut sind ein paar melodiöse Elemente. Dann fliegt es auf, drei Männchen folgen ihm und in einer wilden Verfolgungsjagd fliegen sie hoch über ihrem Territorium und kurven um Felsköpfe, bevor die Gruppe dann wieder auf einem Felsvorsprung landet. Das Schauspiel setzt sich fort, lange Rufreihen des Weibchens, wilde Verfolgungsflüge, Aggressionen unter den Männchen.

Die Alpenbraunelle ist in vielerlei Hinsicht speziell, so auch in ihrer sozialen Organisation. Denn sie brütet in Gruppen: Drei bis fünf Männchen verteidigen ein gemeinsames Gruppenterritorium, worin zwei bis drei Weibchen brüten. Ein solches Paarungssystem bezeichnet man als Polygynandrie. Während rund einer Woche vor der Eiablage sind die Weibchen fertil und zeigen dabei morphologisch und verhaltensmäßig ihre Fruchtbarkeit an. Die Kloake färbt sich rot und wird während der Paarungsaufforderung präsentiert. Die Männchen, die bei der Verteidigung des Gruppenterritoriums kooperieren, konkurrieren nun untereinander um den Anteil an Paarungen mit einem fertilen Weibchen und somit um die Vaterschaft. Das Resultat sind wilde und andauernde Verfolgungsflüge und mit bis über 50 Paarungen pro Tag gehört die Alpenbraunelle zu den Vogelarten mit der höchsten Kopulationsrate.

DNA-Fingerprinting

Mithilfe eines DNA-Fingerprintings können die Verwandtschaftsverhältnisse genetisch bestimmt werden. Jeder Vogel besitzt ein individuelles Bandenmuster, wobei ein Jungvogel eine Bande entweder von der Mutter oder vom Vater erbt. Aufgrund diagnostischer Banden (farblich markiert) kann so für jeden Jungvogel der Vater bestimmt werden. In diesem Fingerprint ist das erste Bandenmuster ganz links dasjenige des Weibchens, danach folgen diejenigen von drei Männchen (alpha, beta und U=untergeordnetes Männchen). Die folgenden sieben Bandenmuster stammen von sieben Nestlingen, drei der Erstbrut und vier der Zweitbrut. Das α-Männchen (gelb) zeugte vier Nestlinge (2 und 3 der Erstbrut, 2 und 4 der Zweitbrut), das β-Männchen (rot) einen Nestling (3 der Zweitbrut) und das untergeordnete Männchen U (hellgrün) zwei Nestlinge (1 der Erstbrut und 1 der Zweitbrut). Aus der Verwandtschaftsanalyse ist auch ersichtlich, dass das Weibchen und die drei Männchen nicht miteinander verwandt sind.

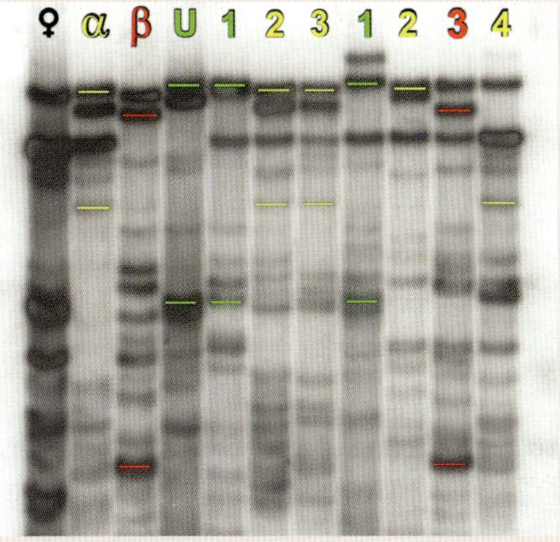

Entsprechend bunt ist die Vaterschaft innerhalb einer Brut. Die Alpenbraunellen legen gewöhnlich zwei bis vier Eier. Und so zählen Bruten bis zu drei verschiedene Väter, wie Verwandtschaftsanalysen mittels DNA-Fingerprinting aufzeigen. Und wo es viele Väter in einer Brut gibt, da gibt es auch mehrere Männchen, die beim Füttern helfen. So werden Nestlinge einer Brut vom Weibchen und von bis zu vier verschiedenen Männchen gefüttert.

Doch wozu dies alles? Dazu gibt es unterschiedliche Interpretationen. In einer Population in den Pyrenäen zeigten die Forschenden, dass diese Verhaltensweise eine Anpassung an den hochalpinen Lebensraum und an die entsprechende Nahrungsknappheit ist. Es ist schlicht

Bei der Paarungsaufforderung zeigt das Weibchen der Alpenbraunelle seine Kloake, welche sich während der fertilen Phase rot färbt. Solche Fertilitätszeichen sind bei Vögeln sehr selten und das Weibchen heizt damit die Konkurrenz unter den Männchen an. Foto: L. Heer. Wallis, Schweiz, 5.7.2014.

Diese Alpenbraunelle ist erst wenige Wochen alt. Foto: L. Heer. Berner Oberland, Schweiz, 24.9.2020.

mehr als ein Männchen notwendig, um die Jungen erfolgreich aufzuziehen. Auf diese Weise könnte Polygynandrie bei der Alpenbraunelle evolviert sein. Im Gegensatz dazu fand eine Studie aus den Schweizer Alpen heraus, dass alle Männchen zusammen weniger füttern als das Weibchen. In einem sozial monogamen Paarungssystem würde deshalb das Alpenbraunellenweibchen mehr profitieren, wenn ein Männchen vollzeitlich beim Füttern helfen würde. Als alternative Erklärung steht deshalb die höhere genetische Variabilität unter seinen Nachkommen, was als Anpassung an einen solch extremen Lebensraum ebenfalls vorteilhaft ist.

Alpenbraunellen halten sich auch mitten im Winter teilweise über der Baumgrenze auf und suchen dort ihre Nahrung. Foto: L. Heer. Berner Oberland, Schweiz, 29.12.2007.

Hoch hinaus

Die Alpenbraunelle besiedelt die meisten europäischen Gebirge. Die Hauptvorkommen liegen in den Alpen oberhalb 2000 m ü. M., in Deutschland brütet sie beispielsweise in den Bayerischen Alpen. Daneben kommt sie aber auch sehr südlich in Europa in der spanischen Sierra Nevada, in den Pyrenäen und im italienischen Apennin vor. Die Alpenbraunelle brütet auch in den Mittelgebirgen Ost- und Südosteuropas, so in der Hohen Tatra, in den Karpaten und in Gebirgen des Balkans. Das Verbreitungsgebiet zieht sich ostwärts weiter durch den Himalaja bis nach Japan.

Der Lebensraum der Alpenbraunelle im Alpenbogen umfasst alpine Rasen mit Felsen und Geröllhalden oberhalb der Waldgrenze zwischen 1900 m und rund 3000 m ü. M. Foto: T. Sattler. Kanton Wallis, Schweiz, 5.8.2021.

Die Alpenbraunelle gehört in Mitteleuropa zu den am höchsten brütenden Sperlingsvögeln, nur der Schneesperling besitzt einen noch höheren Verbreitungsschwerpunkt. Im Alpenraum brütet die Alpenbraunelle hauptsächlich oberhalb der Waldgrenze zwischen 1900 und 2900 m ü. M. Der höchste Brutnachweis erfolgte bei Trient VS auf 3450 m ü. M. Und entsprechend sieht ihr Habitat aus: Die Alpenbraunelle bevorzugt Gebirgsregionen, bei denen sich alpine Rasen mit kleineren Felsen, Geröllhalden und Moränen abwechseln. Als Halbhöhlenbrüter baut sie ihre Nester in Felsspalten, unter kleinen Steindächern oder in Felsnischen. Zur Brutzeit besteht die Hauptnahrung aus Insekten wie Schnaken, Käfern, kleinen Schmetterlingen und deren Raupen, die sie in alpinen Rasen meist in nächster Nähe zum Nest sammelt. Und sollte ein später Schnee zur Brutzeit die Grashänge bedecken, so findet sie ihre Nahrung in überhängenden Felsregionen oder in steilen Rasen, wo der Schnee abgerutscht und die Vegetation wieder zugänglich ist.

Vertikalwanderer

Auch im Winter harren Männchen der Alpenbraunelle in den Brutterritorien aus. Sie übernachten in Felsen oberhalb der Baumgrenze, wo sie über der Nebelgrenze ihnen zusagende Bedingungen vorfinden. Frühmorgens und abends singen sie bereits im Winter in ihren Territorien.

Im Winter stellen die Alpenbraunellen auf Sämereien und Körner um. Diese finden sie an schneefreien Stellen über der Baumgrenze, tagsüber suchen sie aber auch tiefer gelegene bereits schneefreie Rasen auf, erscheinen an Futterhäuschen in Bergdörfern oder finden Nahrung auf Terrassen von Bergrestaurants. Nur bei sehr starken Schneefällen und widrigen Bedingungen weichen Alpenbraunellen bis in die Tallagen aus. Am Abend steigen die Männchen aber gewöhnlich wieder hoch und beziehen ihre Schlafplätze auf über 2000 m ü. M.

Vor allem weibliche und junge Alpenbraunellen können das Brutgebiet im Winter ganz verlassen und kürzere Wanderungen unternehmen, die sie dann in tiefere Lagen bringen. So sind überwinternde Alpenbraunellen aus dem Schweizer Mittelland, dem Jura oder gar aus Südfrankreich bekannt. Bei ihren Wanderungen erscheinen sie auch fernab ihrer Brutgebiete in verschiedenen Regionen Deutschlands, ja selbst auf Helgoland ist die Art nachgewiesen.

Lokales Verschwinden durch Klimawandel?

Betrachten wir die Verbreitungskarten zwischen dem ersten und zweiten Europäischen Brutvogelatlas (EBBA 1 zu EBBA 2), so wurde die Alpenbraunelle 2013 bis 2017 in weniger 50 x 50 km-Quadraten nachgewiesen als noch in den 1980er-Jahren. Vor allem tiefer gelegene und südlichere Randgebiete scheint sie zunehmend zu verlassen. Ein ähnliches Bild ergeben die Resultate aus dem Schweizer Brutvogelatlas 2013 bis 2016: Unterhalb von 2200 m ü. M. nahmen die Bestände der Alpenbraunelle im Vergleich zu 1993 bis 1996 leicht ab. Die meisten Rückgänge sind hier in den östlichen Voralpen zu verzeichnen, wogegen die Bestände in den höher gelegenen Zentralalpen mehrheitlich stabil blieben oder wegen des Aufstiegs in der Höhe gar leicht zunahmen.

Bestandsveränderungen der Alpenbraunelle sind nicht so einfach zu eruieren. Doch liegt die Vermutung nahe, dass die Alpenbraunelle, wie andere angepasste Gebirgsvögel auch, unter dem Klimawandel leidet und deshalb tiefer gelegene Brutstandorte aufgibt. Insgesamt gesehen scheinen die Bestände in der Schweiz – im Gegensatz zu Europa – aber mehr oder weniger stabil zu sein und die Art ist nicht gefährdet. Der Schweizer Bestand wurde 2013 bis 2016 auf 25 000 bis 40 000 Paare geschätzt. Deutschland liegt am Rande des Verbreitungsgebiets – in den Bayerischen Alpen kommen zwischen 430 und 800 Brutpaare vor. Deshalb ist die Alpenbraunelle auf der Roten Liste von Deutschland als „Art mit geografischer Restriktion“ aufgeführt.

Sollte sich der Klimawandel fortsetzen, so dürfte sich die Abnahme in tieferen Regionen weiter verstärken und auch Gebiete im Zentrum des Verbreitungsareals erfassen. Erste Anzeichen von Bestandsabnahmen gibt es jedenfalls auch hier. Die Alpenbraunelle ist bestens an die extremen Wetterbedingungen des Hochgebirges angepasst. Hoffen wir, dass sie trotz des Klimawandels auch in Zukunft genügend Lebensräume zum Leben und Brüten finden wird.

Lorenz Heer, Thomas Sattler

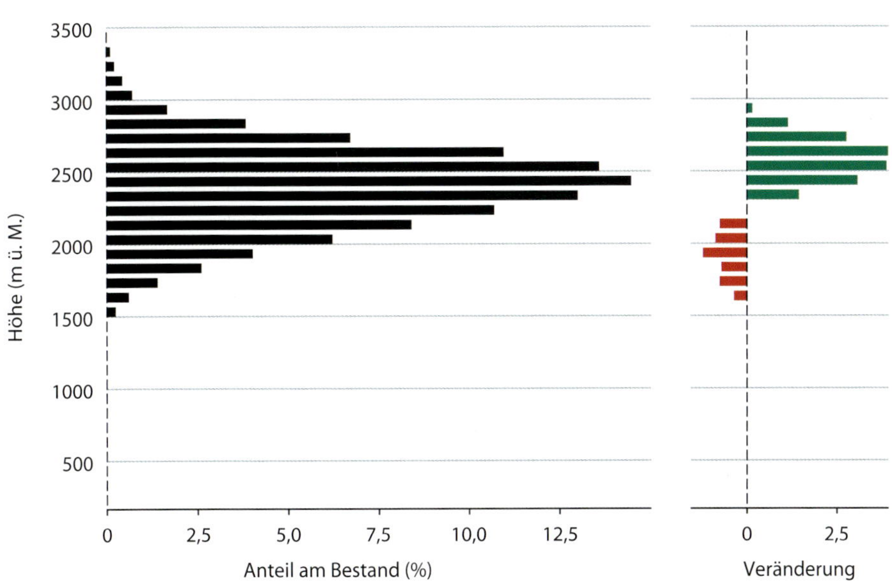

Links: Relative Höhenverbreitung der Alpenbraunelle in der Schweiz in 100 m-Abschnitten gemäß dem Schweizer Brutvogelatlas 2013 bis 2016; rechts: Veränderung in den zwanzig Jahren seit dem Atlas 1993 bis 1996. In rot prozentuale Abnahme pro Höhenabschnitt, in grün entsprechende Zunahme. Der Bestand der Alpenbraunelle nahm unterhalb 2200 m ü. M. ab, vergrößerte sich jedoch in höheren Regionen.

Daten: Schweizerische Vogelwarte.

Literarur zum Thema

Davies N B, Hartley I R, Hatchwell B J, Desrochers A, Skeer J, Nebel D 1995: The polygynandrous mating system of the alpine accentor, *Prunella collaris*. I. Ecological causes and reproductive conflicts. Animal Behaviour 49: 769-788. DOI 10.1016/0003-3472(95)80209-6

Heer L 2012: Male and female reproductive strategies and multiple paternity in the polygynandrous Alpine Accentor *Prunella collaris*. J Ornithol. DOI 10.1007/s10336-012-0891-6

Heer L, Fränkl A C 1999: Zur Verbreitung, sozialen Organisation, Raum- und Habitatnutzung der Alpenbraunelle *Prunella collaris* im Winter. Ornithol Beob 96: 25-36.

Keller V, Herrando S, Voříšek P, Franch M, Kipson M, Milanesi P, Martí D, Anton M, Klvaňová A, Kalyakin M V, Bauer H-G, Foppen R P B 2020: European Breeding Bird Atlas 2: Distribution, Abundance and Change. European Bird Census Council & Lynx Edicions, Barcelona.

Knaus P, Antoniazza S, Wechsler S, Guélat J, Kéry M, Strebel N, Sattler T 2018: Schweizer Brutvogelatlas 2013–2016 – Verbreitung und Bestandsentwicklung der Vögel in der Schweiz und im Fürstentum Liechtenstein. Sempach: Schweizerische Vogelwarte.

Nakamura M 1995: Territory and group living in the polygynandrous Alpine *Accentor Prunella* collaris. Ibis. DOI 10.1111/j.1474-919X.1995.tb03256.x

Dr. Lorenz Heer ist Biologe und untersuchte im Rahmen seiner Diplom- und Doktorarbeit Fragen zur sozialen Organisation und zu Anpassungen der Alpenbraunelle an das Hochgebirge. Heute ist er Geschäftsführer von Pro Natura Bern.

Dr. Thomas Sattler ist Biologe und Projektleiter an der Schweizerischen Vogelwarte Sempach. Seine Hauptinteressen liegen in der Analyse von Faktoren, die das Auftreten von Arten in Raum und Zeit bestimmen, aktuell insbesondere von Bergvögeln.

Ein Verein stellt sich vor:

Monticola –

Internationale Arbeitsgemeinschaft für Alpenornithologie e. V.

Bereits im Jahr 1965 wurde die Internationale Arbeitsgemeinschaft für Alpenornithologie im österreichischen Innsbruck gegründet und versammelt seitdem Ornithologen aus allen Alpenländern zum fachlichen Austausch. Hierzu diente von Anfang an auch die von der Arbeitsgemeinschaft herausgegebene Zeitschrift *monticola*. Seit 2008 ist die Arbeitsgemeinschaft als Verein organisiert.

Dr. Hubert Holland ist Mitglied des Vorstands von Monticola und dort seit vielen Jahren aktiv. Aufgewachsen in Oberschwaben, ist er seit seiner Kindheit in den Bergen unterwegs, beobachtet Vögel aber leidenschaftlich auch anderswo.

Bei Schneefällen kommt die Alpenkrähe auch in tiefe Lagen, gelegentlich bis an den Rand von Siedlungen. Foto: M. Schäf.

Herr Holland, der Steinrötel, mit wissenschaftlichem Namen *Monticola saxatilis*, ist zugleich Wappentier und Namensgeber der Internationalen Arbeitsgemeinschaft für Alpenornithologie. Diese hat sich die Förderung der ornithologischen Forschung im Alpenraum auf die Fahnen geschrieben. Was macht die Alpenornithologie besonders?

Eine Definition des Begriffs der Alpenornithologie ist alles andere als einfach. Im Grunde gibt es eine Ornithologie der Alpen, seit es Ornithologie überhaupt gibt. Jede Form der ernsthaften Vogelbeobachtung in den Alpen ist letztlich Alpenornithologie. Auch deswegen hat die interne Diskussion darüber, was die Alpenornithologie eigentlich sei, seit der Gründung unserer Arbeitsgemeinschaft in den 1960er-Jahren nie wirklich aufgehört. Ein Ergebnis hiervon ist etwa der Untertitel der von uns herausgegebenen Zeitschrift *monticola* „Zeitschrift für die Vogelwelt der Berge". Die wissenschaftlichen Aufgaben, die dem Alpenornithologen aufgegeben sind, unterscheiden sich ja nicht wesentlich von denjenigen, mit denen Ornithologen in anderen Gebirgen, wozu durchaus auch Mittelgebirge zählen können, zu tun haben.

Alpenkrähe: Bei diesjährigen Jungvögeln ist der Schnabel noch nicht so lang und auch nicht tiefrot gefärbt.
Foto: H.-J. Fünfstück. Vansee, 13.6.2007.

Sie sprechen von spezifischen Fragestellungen in der Alpenornithologie?

Der Schweizer Ulrich A. Corti, nicht nur Autor mehrerer Monografien über die Avifauna der Alpenländer, sondern mit Franz Niederwolfsgruber, der die Arbeitsgemeinschaft über Jahrzehnte geleitet hat, auch einer ihrer Gründer, hat hierfür ein Programm formuliert, das im Wesentlichen bis heute Gültigkeit hat. Wichtig ist dabei die Unterscheidung zwischen „eigentlichen" Alpenvogelarten wie Schneefink, Alpenbraunelle oder Alpendohle, die ausnahmslos im Gebirge brüten, und solchen Arten, die sowohl im Flachland vorkommen, als auch bis in sehr große Höhen brüten, wie z. B. der Hausrotschwanz. Während es bei letzteren um Abweichung etwa bei der Wahl des Biotops oder des Ankunfts- bzw. Wegzugszeitpunkts gehen kann, ist die Feldornithologie der „eigentlichen" Alpenvögel vor allem vertikal ausgerichtet. Zu beantworten ist hierbei also die Frage, auf welcher Höhenstufe sich ein Vogel im Jahres- bzw. Tagesverlauf und in Abhängigkeit von der z. T. extremen Witterung aufhält, etwa um zu brüten, Nahrung zu suchen oder den Winter zu verbringen. Nach heutigem Kenntnisstand wird sich die Klimaerwärmung in den mittleren Höhen der Alpen bis etwa 1500 m besonders gravierend auswirken. Schon jetzt stellen wir fest, dass die in diesen Bereichen lebenden Vogelarten wie etwa die Raufußhühner versuchen, nach oben auszuweichen. Arten wie Mönchsgrasmücke,

Hauptnahrung der Alpenkrähe sind Insekten und andere Gliederfüßer.
Foto: S. Lagattolla. Apennin (Italien), September 2021.

Im Flug sind die äußeren Handschwingen bei der Alpenkrähe (links) viel stärker gefingert als bei der Alpendohle (rechts). Foto: H.-J. Fünfstück. Vansee, 13.6.2007.

Blaumeise oder Amsel steigen dafür höher hinauf. Eine Sonderstellung nehmen der transalpine Vogelzug sowie alpine Brutvogelarten ein, die, wie der Mornellregenpfeifer oder das rotsternige Blaukehlchen, eigentlich im skandinavischen Raum brüten, aber offensichtlich auch in den Alpen passende, weil vergleichbare Habitate vorfinden. Andererseits gibt es Entwicklungen, die wir zwar auch andernorts beobachten können, die sich aber im Gebirge besonders gravierend auswirken, weil dort die ökologischen Zusammenhänge besonders fragil sind. Neben der bereits erwähnten Klimaerwärmung zählen hierzu etwa der Artenschwund infolge einer Intensivierung (oder Aufgabe!) von Landwirtschaft oder der Überbeanspruchung der Lebensräume durch Zersiedlung, Verkehr und Tourismus. Hiervon sind die Vögel ja nicht nur im Brutgebiet betroffen, sondern auch dort, wo sie die übrige Zeit verbringen, etwa auf dem Zug oder in ihren Überwinterungsgebieten. Allerdings gibt es auch positive Trends. Nehmen Sie den Bartgeier, der erfolgreich wiederangesiedelt wurde, den Steinadler, der den Alpenbogen heute wieder beinahe lückenlos besiedelt, oder den Rotmilan, der dank der hohen Siedlungsdichte im Flachland in den letzten Jahren immer weiter in die Alpentäler vorgedrungen ist.

Sie betonen den internationalen Charakter der Alpenornithologie

Schon die Gründer unserer Gesellschaft haben immer wieder darauf hingewiesen, wie wichtig der wissenschaftliche Austausch über die Grenzen der einzelnen Alpenländer hinweg ist. Weder die Berge noch die Vögel, die sie besiedeln oder überqueren, machen an solchen Grenzen halt und ebenso wenig sollte es die ornithologische Forschung tun, die sich mit ihnen beschäftigt. Erhofft war ursprünglich, dass unter dem Dach von Monticola in jedem der Alpenländer eine eigene Arbeitsgemeinschaft entsteht. Dieses Ziel konnte zwar bislang nicht realisiert werden, wahrscheinlich ist dies aber auch nicht entscheidend. Wichtig ist, dass sich bei Monticola engagierte Ornithologen zusammenfinden, denen die Bergvogelwelt am Herzen liegt.

Cover der vom Verein herausgegebenen Zeitschrift *monticola*

Wer sind Ihre Mitglieder?

Die Wege zu unserer Arbeitsgemeinschaft sind ganz unterschiedliche. Bei den einen ist es die wissenschaftliche Tätigkeit. Sie landen z.B. hier, weil sie auf einen Artikel gestoßen sind, der in unserer Zeitschrift erschienen ist. Bis heute prägen bedeutende Ornithologen die Geschichte unserer Arbeitsgemeinschaft. Neben dem bereits erwähnten Ulrich Corti zählen hierzu etwa Walter Wüst, Einhard Bezzel, Wolfgang Scherzinger oder Urs N. Glutz von Blotzheim. Bei anderen ist es ein eher emotionales Zusammenspiel von Liebe zu den Bergen, die man im Urlaub aufsucht, und allgemeinem ornithologischem Interesse. Ganz egal, bei uns sind sie alle herzlich willkommen.

Wie tauschen Sie sich aus?

Digital geht das über unseren gerade ganz neu gestalteten Internetauftritt www.monticola.org. Sehr wichtig sind für unsere Mitglieder aber nach wie vor die Jahrestagungen, die seit 1965 reihum in den Alpenländern unter Beteiligung lokaler Ornithologen veranstaltet werden. Da wird tagsüber gewandert und beobachtet, abends gibt es wissenschaftliche Vorträge. Wir machen das jetzt schon so lange, dass wir manche Gebiete schon zum zweiten Mal besuchen, was uns die interessante Möglichkeit eröffnet, die Beobachtungsdaten von damals und heute zu vergleichen. Natürlich kommt bei all dem auch der gesellschaftliche Aspekt nicht zu kurz.

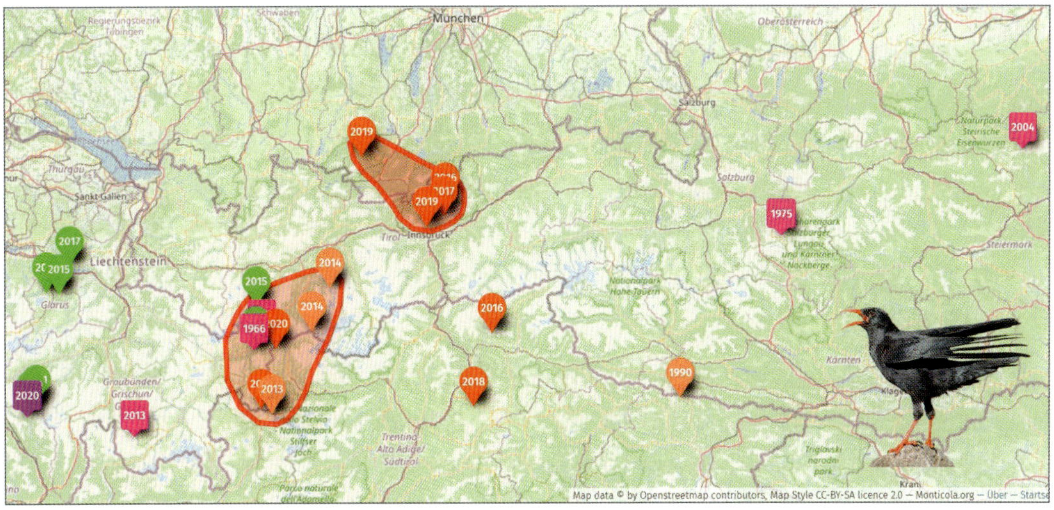

Flyer-Suchaktion: Ein gemeinsames Projekt von Monticola – Internationale Arbeitsgemeinschaft für Alpenornithologie e.V. und Arbeitsgemeinschaft für Vogelkunde und Vogelschutz in Südtirol (AVK).

Meldungen 2013 bis 2020 an:
- Monticola / AVK
- Schweizerische Vogelwarte Sempach
- Beobachtungen vor 2015
- Gebiete mit gehäuften Meldungen
- letzte bekannte Brutvorkommen in den Ostalpen

Sie haben schon mehrfach auf Ihre Zeitschrift hingewiesen. Arbeitet Ihre Arbeitsgemeinschaft daneben noch an anderen Projekten?
Tatsächlich ist die Herausgabe der seit 1996 erscvheinenden Zeitschrift ein wesentlicher Aspekt unserer Tätigkeit. Hierfür ist unsere Schriftleiterin Edith Sonnenschein immer auf der Suche nach Arbeiten von Vogelkundlern, deren Forschungsgebiet sich (auch) auf die Alpenornithologie erstreckt. Daneben richten wir unser besonderes Augenmerk seit geraumer Zeit auf die Alpenkrähe. Während die Alpenkrähe in den Westalpen noch recht gute Bestände aufweist, ist sie in den Ostalpen als Brutvogel seit etlichen Jahrzehnten verschwunden. Im Rahmen unserer Jahrestagung in Schuls im Unterengadin im Jahr 1966 konnte auf Schloss Tarasp noch ein Brutpaar mit Jungen im Nest bestaunt werden. Man hat damals nicht geahnt, dass es die letzte Brut sein würde, die dort stattfand. Die Erinnerung hieran blieb aber wach und führte 2012 zu dem Entschluss, sich stärker um die Alpenkrähe zu kümmern. Auf Initiative und z.T. auch mit finanzieller Unterstützung unserer Arbeitsgemeinschaft , hier vor allem Johannes Denkinger und Christoph Grissemann, wurden daraufhin zwei Forschungsaufträge vergeben, die die Gründe für das Erlöschen der ostalpinen Alpenkrähenpopulation ermitteln sollten. Danach dürfte im Ergebnis vermutlich mit entscheidend für eine erfolgreiche „natürliche" Wiederbesiedlung der Ostalpen durch die Alpenkrähe die Stärke der westalpinen Population sein.

Alpenkrähen gesucht

Die Alpenkrähe *(Pyrrhocorax pyrrhocorax)* lebt zur Brutzeit auf alpinen Rasen in der Nähe von zerklüfteten, höhlenreichen Felsen in Höhen zwischen 1600 und 3000 m ü. M.
Im Winterhalbjahr bevorzugt sie südexponierte, schneearme oder schnell ausapernde Kreten, Weiden oder Rasen. Bei Schneefällen stößt die Alpenkrähe bis in tiefe Lagen vor, gelegentlich bis an den Rand von Siedlungen.
In der Schweiz beschränkt sich die Verbreitung der Alpenkrähe auf das Wallis. Neue Brutvorkommen in den Alpen östlich des Wallis sind unzureichend oder gar nicht dokumentiert.

Merkmale (siehe Bilder)

Maße:
Länge: 37-41 cm, Spannweite 68-80 cm, entspricht der Größe einer Alpendohle.
Kennzeichen:
Schwarz glänzendes Gefieder, langer, roter Schnabel, der nach abwärts gebogen ist, lange, rote Beine.
Stimme:
schneidend, pfeifend „tjiach", an Dohle erinnernd, aber höher und zäher ausklingend.
Ein Rufbeispiel ist zu finden unter:

www. monticola.org

Achtung:
Nicht zu verwechseln mit der vergleichsweise häufigen Alpendohle. Auch sie hat rote Beine, aber einen gelben, kurzen Schnabel.

Fotos: Bernhard Herzig

Aufruf

Um mehr über die Verbreitung der Alpenkrähe in den Alpen zu erfahren, rufen wir Sie auf, bei Ihrer nächsten Wanderung oder Bergtour auf Alpenkrähen zu achten und Beobachtungen zu melden unter: kontakt@monticola.org. Wenn möglich dokumentieren Sie die Beobachtung mit einem Foto.

monticola
Int. Arbeitsgemeinschaft für Alpenornithologie e.V.
www.monticola.org

arbeitsgemeinschaft für vogelkunde und vogelschutz südtirol
AVK

Gibt es denn überhaupt noch aktuelle Alpenkrähensichtungen in den Ostalpen?
Ja. Wir konnten mithilfe einer groß angelegten, insbesondere auf Bergtouristen abzielenden Flyer-Aktion zeigen, dass es die Alpenkrähe nach wie vor auch in den Ostalpen gibt, wenn wohl auch nur in sehr bescheidener Zahl. Insgeheim träumen wir von einem Wiederansiedlungsprojekt dort, vergleichbar der bislang sehr positiv verlaufenden Wiederansiedlung auf der britischen Kanalinsel Jersey, wo die Alpenkrähe vor etwa 100 Jahren ausgestorben war. Im Gegensatz hierzu würde es sich bei einer Wiederansiedlung in den Ostalpen lediglich um eine Unterstützungsmaßnahme handeln. Mit Habichtskauz im Bayerischen Wald und Bartgeier in den Alpen gibt es weitere Beispiele für solche erfolgreichen Wiederansiedlungsprojekte. Noch fehlt allerdings ein potenter Projektträger, die Arbeitsgemeinschaft kann dies alleine nicht stemmen.

Läuft die von Ihnen erwähnte Flyer-Aktion noch?
Die Aktion selbst ist beendet, aber wir sind natürlich auch weiterhin sehr an jeder Sichtung von Alpenkrähen außerhalb der bekannten Brutgebiete interessiert. Dies gilt vor allem für die Dreiländer-Grenzregion Südtirol (Obervinschgau) – Graubünden (Unterengadin) – Nordtirol sowie im Bereich des Karwendelgebirges. Meldungen, am besten mit Fotobeleg, können auf unserer Internetseite oder per E-Mail über kontakt@monticola.org erfolgen.

Wie sieht die Zukunft Ihrer Arbeitsgemeinschaft aus?
Viel hängt davon ab, dass sich uns auch künftig Ornithologen mit ihrer Begeisterung für die Alpenvögel anschließen. An denkbaren Projekten mangelt es uns nicht. Eine tolle, im Rahmen unserer Möglichkeiten liegende Idee ist z.B. die eines „Indexberges", der in regelmäßigen Abständen nach einheitlichen Kriterien kartiert wird. Idealerweise ließen sich anhand der hierbei gesammelten Daten langfristige Entwicklungstrends z.B. im Zusammenhang mit der Klimaveränderung ablesen, die auf andere alpine Lebensräume übertragbar sind. Für solche Projekte braucht man Helferinnen und Helfer, wobei eine Mitgliedschaft in unserer Arbeitsgemeinschaft natürlich nicht erforderlich ist. Vielleicht können wir deshalb, wenn es einmal so weit ist, dann auch im „Falken" nochmals um Unterstützung werben.

Sehr gerne und vielen Dank für das Gespräch.

Die adulte Alpendohle (erkennbar am gelben Schnabel) spreizt beim Landeanflug die Steuerfedern.
Foto: V. Klimke. Zugspitze, 19.12.2006.

Vom Lügen und Lieben:

Die Alpendohle

Mit Alpendohlen und Bergtouristen ist es im Winter so wie mit Hase und Igel in der Parabel. Erreicht der Mensch am Vormittag einen Gipfel wie die Zugspitze oder den Wendelstein, sind die Alpendohlen schon da. Sie wirken ausgeruht und fidel, pfeifen und führen Flugkünste vor und schweben oder wackeln dann dreist in Scharen heran, um sich einen Anteil von der Brotzeit zu ergattern.

Kehren die Besucher Stunden später ins Tal zurück, wo gerade die letzten Sonnenstrahlen verblassen, wer kommt ihnen entgegen? Alpendohlen. In kleineren oder größeren Trupps von bis zu 200 Tieren verlassen sie bei Dämmerung die Ortschaften – sei es Garmisch, Oberammergau, Mittenwald oder gar Innsbruck – und schrauben sich an den Felswänden wieder auf gute 2000 m Höhe hinauf, wo ihre Schlafplätze liegen.

Die Alpendohle gilt auf dem Gipfel als Attraktion, im Tal eher als Plage. Und das, obwohl sie doch ein absolutes Original ist: In Deutschland lebt und brütet sie nur in den Alpen. Zu ihren intimsten Kennern und größten Fans zählte zum Beispiel der verstorbene Heiner Schöpf, früher Leiter der Vogelschutzwarte Garmisch-Partenkirchen des Landesamts für Umwelt.

Er hatte sie erforscht, beringt, war ihr nachgestiegen, hielt Findlinge in Volieren und legte den Bergwanderern Listen in die Gipfelbücher, damit sie ihm Beobachtungen von Alpendohlen meldeten. Um auch Vögel fangen und beringen zu können, ließ er sich täglich in neuen Verkleidungen vom Koch bis zum Skifahrer auf der Zugspitze blicken. „Eine Alpendohle fängt man nur einmal – beim zweiten Mal traut sie einem schon nicht mehr", erklärte er einer Journalistin.

Eine Alpendohle streift sich das Eis vom Schnabel, das sich beim Flug durch die Winterwolken nahe der Zugspitze gebildet hat. Foto: V. Klimke. Zugspitze, 19.12.2006.

Immer zu 100 Prozent flugfähig

Zu den Anpassungen der Alpendohle an ihren extremen Lebensraum zählen ihre Flüge zwischen Gipfel und Tal, eine ganz eigene Überwinterungsstrategie. Während der Nist- und Schlafplatz in gut 2000 m Höhe in sicheren Felsnischen oder -höhlen angelegt wird, fliegen die Vögel zur Futtersuche im Winter täglich hinab in die Täler. Einst geschah das, um unten in den Auen Beeren oder Früchte zu suchen. Aber ungefähr ab 1920 wurden sie auch in der Stadt Innsbruck beobachtet – bei schlechtem Wetter oder als dessen Vorboten. Heute peilen sie gezielt bestimmte Schulhöfe, Kirchenvorplätze oder Stadtteile an. Irene Stelzel und Dr. Armin Landmann von der Universität Innsbruck haben sich vor einigen Jahren die Verteilung der Vögel auf ihre Stadt genauer angeschaut und herausgefunden, dass die Tiere im Herbst und Frühjahr eher in Stadtteilen mit Gärten, im Hochwinter dagegen in Bereichen mit Hochhäusern und Blockbauten auftauchen. Rund 1000 Tiere waren es damals insgesamt, die einzelnen Trupps sind schon mal bis zu 300 Vögel stark. Im Olympischen Dorf zum Beispiel wurden die Alpendohlen nicht nur am häufigsten, sondern auch in größten Zahlen beobachtet. Manche allerdings bleiben auch in der Höhe und postieren sich an den Skihütten und den Bergstationen der Gondelbahnen.

Alles Gründe, warum Heiner Schöpf und andere Experten die Alpendohle als Kulturfolger bezeichneten. Dabei erscheint sie gar nicht wie ein typischer Opportunist, der eine gute Gelegenheit sofort erkennt und flexibel nutzt. Alpendohlen sind eher Traditionalisten. Haben sie einmal einen guten Futterplatz entdeckt, bleiben sie ihm sehr lange treu – auch wenn andere, geeigneter erscheinende in der Nähe liegen, wie der Autor Dietmar Walter in „Brutvögel in Bayern" schreibt. Heiner Schöpf hatte eine Erklärung dafür: „Wer in 2000 m Höhe wohnt und durch Kälte und schlechtes Wet-

Charakteristisch für die Alpendohle sind die roten Füße und der gelbe Schnabel. Größere Futterbrocken werden mit dem geballtem Fuß festgehalten. Foto: V. Klimke. Zugspitze, 19.12.2006.

Zum schnellen Flug werden die Flügel etwas nach hinten gelegt.

Nur selten ist das Gefieder so vereist wie bei dieser Alpendohle.

ter fliegen muss, um sein Futter zu suchen, der riskiert keine Pleite", meinte er. „Das Futter muss sicher sein, damit eine Alpendohle sich dafür auf den Weg macht."

Besagte Wege von bis zu 10 km Länge sind aus diesem Grunde auch immer dieselben – die Routen variieren bloß nach Wetterlage. „Bei schönem Wetter sind die Alpendohlen bereit, weitere Strecken zu fliegen, wenn der Flug dafür einfacher wird", wusste Schöpf. Das gilt vor allem für den Weg nach oben zum Schlafplatz, den sie zwar in wenigen Minuten mit kräftigen Flügelschlägen schaffen können, aber lieber mithilfe von thermischen Lifts bewältigen. Runter geht es dagegen tatsächlich wie im Flug: Mit angelegten Flügeln stürzen sich die Tiere mit über 100 Stundenkilometern zu Tal, sodass Gesicht und Flügelbug völlig vereisen. Zum Glück hat die Evolution ihnen Gefieder über die Nasenlöcher wachsen lassen. Erst wenige Meter vor dem Ziel bremsen sie ab und strecken ihre Füße zur Landung aus.

Mit vereistem Gefieder warten zwei Alpendohlen auf Futter von den Touristen. Foto: V. Klimke. Zugspitze, 19.12.2006.

Auch Ellen Thaler, die ehemalige Stellvertretende Leiterin des Alpenzoos, hat sich zeitweise intensiv mit der Alpendohle beschäftigt. In den 1980er-Jahren war Ellen Thaler zeitweise der Schrecken der Alpendohlen im Zoo: „Es gab einen speziellen Warnruf der Vögel, der galt nur für sie", erzählt Christiane Böhm, wissenschaftliche Leiterin des Forschungs- und Lehrinstituts des Alpenzoos. Der Ruf entstand, weil Ellen Thaler schon damals als Kuratorin für die Vögel das Verhalten der Alpendohlen erforschte und dafür immer wieder Eier und Jungvögel zum Wiegen und Vermessen aus den Nestern nahm. „Die Alpendohlen erkannten sie sogar, wenn sie sich verkleidete", erinnert sich Böhm.

Persönlicher Warnruf

Gemeinsam mit ihrem Doktoranden Narit Sitasuwan entschlüsselte Ellen Thaler die „Sprache" der Alpendohlen. Dabei handelt es sich nicht etwa um bloße Kontaktlaute, die nichts weiter besagen als „Ich bin hier". So etwas ist überflüssig bei einer Art, die sich im Schwarm in einem extremen Lebensraum bewegt. „Wir entdeckten, dass die Verständigung der Alpendohlen aus ungefähr 18 Signalen besteht, die sich aber zwei grundsätzlichen Gruppen zuordnen lassen", erzählt die Forscherin. „Es gibt ein ‚Komm her'- und ein ‚Geh weg'-Signal. Sie werden in verschiedenen Situationen durch Reihung oder Umgruppierung zu regelrechten Sätzen angeordnet." Damit vermitteln die Tiere zum Beispiel Alarm, Betteln, Aggression, Angst oder Balz. Sogar einen „Traumsong" entdeckten die Forscher: „Dabei sitzen junge, noch nicht geschlechtsreife Alpendohlen auf einem Ruheplatz und singen scheinbar schläfrig vor sich hin", beschreibt Thaler.

Doch die Sensation kam erst noch: Sitasuwan und Thaler stellten fest, dass Alpendohlen sogar in der Lage sind, zu lügen. So besteht der normale Warnruf zum Beispiel bei einem weiter entfernt kreisenden Raubvogel aus zwei Mal „Achtung" und dann „Komm her". Die Artgenossen fliegen daraufhin zu der Rufenden. Entdeckt sie dagegen eine Gefahr ganz in der Nähe, schreit sie laut „Geh weg", und die anderen flüchten.

Diese Reaktion machen sich nun gewitzte Vögel zunutze, wenn sie ihren Kollegen einen besonders attraktiven Futterbrocken abluchsen wollen. „Eine bestimmte Alpendohle ruft mit dem ‚Komm her'-Signal Alarm und lockt die anderen weg von der Beute zu sich", erzählt Ellen Thaler. „Dann

Beim Eintreffen auf der Zugspitze waren keine Alpendohlen zu sehen – Minuten später führten gute zehn Vögel regelrechte Flugkünste vor, um Brot zu ergattern. Foto: V. Klimke. Zugspitze, 19.12.2006.

Hunderte Alpendohlen warten auf Bäumen und Dächern auf den Pausengong der Schule, um dann den Pausenhof von Essensresten zu säubern. Foto: H.-J. Fünfstück. Mittenwald, 26.1.2021.

fliegt sie selbst zum Leckerbissen und schreit laut ‚Geh weg', bis sie das Futter verputzt hat."

Soziale Vögel

Ellen Thaler untersuchte aber nicht nur die Gespräche der Alpendohlen, sondern auch die der Alpenkrähe, ihrer „Schwesterart", die etwas größer ist und statt des gelben einen roten Schnabel hat. Doch die vordergründige Ähnlichkeit täuscht: „Die Alpenkrähe ist vom Verhalten her ganz anders als die Alpendohle", erklärt Christiane Böhm. „Sie ist viel empfindlicher und nervöser." Kein Wunder also, dass sich die Alpendohle als Kulturfolger in unserer Landschaft eher ausbreitet, während die Alpenkrähe in Bayern nicht mehr lebt.

Auch die Sprache haben die beiden nicht vollständig gemein, fand Ellen Thaler heraus: Das Lautinventar der Alpendohlen ist deutlich größer als das der Alpenkrähe. Thalers Studie wurde besonders interessant dadurch, dass es wegen einer gemeinsamen großen Flugvoliere im Zoo auch Mischlinge zwischen den beiden Vögeln gab.

Um es vorweg zu sagen: Obwohl sich alle Vögel ähnlich sahen, herrschte in dieser Voliere babylonische Sprachverwirrung. Die Alpendohlen hatten ihre eigene ausgefeilte Kommunikation, die Alpenkrähen eine weniger umfassende. Das gemischte Paar kam wohl auf dieser Basis zusammen, musste sich dann aber schon für die Balz etwas Eigenes überlegen, denn „Alpenkrähen haben keinen Balzgesang, und der Partnerkontakt ist nicht ritualisiert wie bei der Alpendohle", erzählt Ellen Thaler. Letztendlich entwickelte das Paar in zwölf gemeinsamen Jahren einen Duettgesang, der aus einem schnellen Wechsel von „Komm her"-, „Geh weg"- und „Was ist los?"-Signalen bestand. Eine wirre Kombination also, die ein Vogel sonst höchstens aus Konflikt oder Unentschlossenheit zusammenwürfeln würde.

Nicht viel besser erging es ihren Nachkommen, die beide Sprachen mit bekamen. „Ihre Zweisprachigkeit bereitete ihnen Probleme", beschreibt Thaler. „Besonders bei Aufregung verwendeten sie falsche Ausdrücke und wurden missverstanden." Anscheinend versuchten sie das zu kompensieren, indem sie lauter riefen und schrien als die anderen, wie Christiane Böhm ergänzt. Die Mischung bewährte sich aber ohnehin nicht: Die Hybriden waren unfruchtbar.

Vivienne Klimke

Literatur zum Thema

Bezzel E, Geiersberger I, Lossow G von, Pfeifer R 2005: Brutvögel in Bayern. Verbreitung 1996 bis 1999. Eugen Ulmer, Stuttgart.

Glutz von Blotzheim U N, Bauer K M 1993: Handbuch der Vögel Mitteleuropas, Bd. 13/III Passeriformes 4.Teil). Aula-Verlag, Wiesbaden.

Liebel H, Schmolz M, Fünfstück H-J 2021: Alpendohlen in Mittenwald. Falke (5): 40-44.

Stelzel I, Landmann A 2000: Die Alpendohle (*Pyrrhocorax graculus*) im Stadtgebiet von Innsbruck, Tirol: Bestandesgrößen, Bestandesdynamik, Bestandesstruktur und Raumverteilung. Naturwiss.-med. Ver. Innsbruck 87: 307-326.

Dass es den Beruf der „Naturjournalistin" gar nicht gibt, hielt Vivienne Klimke nicht davon ab, den Weg dorthin konsequent zu verfolgen: Studium der Geografie, anschließend Volontariat bei „natur & kosmos". Seit 17 Jahren ist sie als freiberufliche Journalistin und Redakteurin unterwegs und genießt den Wechsel zwischen Schreibtisch und Natur.

Alpendohlen lassen sich an der Gipfelstation der Karwendelbahn leicht und ausgiebig beobachten und vor der imposanten Karwendelkulisse fotografieren.

Foto: H.-J. Fünfstück. Mittenwald, 26.1.2021.